KB263944

| 강성수 교수의 국내 소읍 및 오지 여행 |

강에서 배운 인생
마을에서 얻은 마음

강에서 배운 인생
마을에서 얻은 마음

초판 1쇄 발행 2025년 6월 16일

지은이	강성수
발행인	권선복
편집	한영미
디자인	김소영
전자책	서보미
발행처	도서출판 행복에너지
출판등록	제315-2011-000035호
주소	(157-010) 서울특별시 강서구 화곡로 232
전화	0505-613-6133
팩스	0303-0799-1560
홈페이지	www.happybook.or.kr
이메일	ksb6133@naver.com

값 22,000원
ISBN 979-11-93607-90-9 (03980)

도서출판 행복에너지는 독자 여러분의 아이디어와 원고 투고를 기다립니다. 책으로 만들기를 원하는 콘텐츠가 있으신 분은 이메일이나 홈페이지를 통해 간단한 기획서와 기획의도, 연락처 등을 보내주십시오. 행복에너지의 문은 언제나 활짝 열려 있습니다.

강에서 배운 인생,
마을에서 얻은 마음

강성수 지음

소읍과 지천(支川)여행을 하며

어린 시절부터 지리에 대한 관심이 컸다. '저 산 너머에는 어떠한 곳이 있을지? 이 길을 따라가면 어떤 풍경이 전개될지' 등 호기심을 가지고 살았다. 초등학교 시절에는 젊은 대학생들의 무전여행이 유행하였다. 배낭을 메고 자갈이 깔린 길을 걷는 모습이 무척 부러웠다. '나는 언제 저런 여행을 할 수 있을까?'라고 생각하였다. 드문드문 자동차가 지나가면 구름처럼 일어나는 먼지를 무릅쓰고 걸어가는 모습이 눈에 선하다.

그 시절에 품었던 꿈이 계속 커져 재직시절 오지와 소읍 여행을 조금씩 실현하였다. 처음에는 대중교통을 이용하여 주로 단독여행을 하였다. 경유지에서 점심 때 반주를 먹고 난 뒤의 오후 여행은 천국으로 변했다. 처음 지나는 오지와 지천의 모습은 나를 천국으로 인도하였다.

운전을 배우고 난 뒤 나의 오지 여행은 본격화되어 어릴 때부터 품어오던 오지, 지천, 협곡여행의 꿈을 이룰 수 있었다. 여행을 하는 기쁨을 그냥 망각의 늪으로 흘려보내기에는 너무 아까워 기록으로 남기고 싶었다. 글을 쓰는 세월이 쌓이니 수십 편의 글이 모였다. 이 글들을 묶어야 기록들이 사라지지 않을 것을 생각하게 되어 출판할 용기가 생겼다.

여행을 하면서 절실하게 느끼게 되는 느낌들도 몇 편 쓰게 되었다. 여행의 기쁨을 누리는 순간 떠오른 우리 사회의 각종 우려스러운 문제에 대한 단상들도 몇 편 같이 묶게 되었다. 우리나라가 현재 처한 가장 큰 문제인 '저출산 문제'에 대한 견해가 수시로 마음에 걸려 몇 편의 글도 쓰게 되었다. 지천과 오지를 여행하면 세상의 모든 문제가 사소하게 보인다. 그런데도 우려되는 '저출산 문제', 좀 더 현명한 정책과 사고방식이 나와 그 문제가 해결되었으면 좋겠다.

수십 년 교수생활을 하며 느낀 저출산의 원인 그것은 무분별한 대학 진학이라고 단언하고 싶다. 본인의 능력과 의지와 관계없이 무조건 대학 진학이라는 공식이 없어져야 저출산 문제가 해결된다고 본다.

　대학 입학 증원을 무분별하게 늘린 역대 정권이 원망스럽지만 이미 지나간 이야기이다. 전국에서 지원하는 서울대학교 입학정원이 3000명을 조금 넘는데, 지방 거점 국립대학을 대표하는 경북대, 강원대, 부산대, 전남대 입학정원이 5000명을 넘거나 육박하고 있다. 앞으로 들어설 정권들이 현명하게 해결해 나갔으면 좋겠다.

목차

1장.

물길 위에서
만난 풍경

01 국전계곡

　5만분의 1 지도를 보면 양산과 밀양 사이에는 비교적 넓은 산악지대가 분포하고 있음을 알 수 있다. 여기가 영남 알프스 남부지대이고, 넓은 산악지대는 수많은 계곡을 잉태한다. 그 중심에 배내골이 있고, 배내천이 흘러서 단장천이 된다. 단장천은 크고 작은 지류를 모아서 밀양 시내 동쪽의 긴 늪 근처에서 밀양강 본류인 동창천과 합류하여 밀양강이 된다. 단장천 지류 중 비교적 큰 지류인 화포천이 흐르는 국전계곡은 양산 원동면 어영계곡과 고개를 경계로 하여 마주 보고 있다.

　지금부터 30여 년 전 아직 젊은 교수 시절이었던 때, 미처 가보지 못한 이러한 계곡을 지도상으로 보면 가보고 싶은 호기심이 발동되어 견디지를 못하였다. 당시에 조깅의 재미에 푹 빠져 있어서 고개를 넘어 비교적 거리가 있는 국전계곡을 달리고 싶은 욕망을 참을 수가 없었다. 그러던 차에 겨울방학이 왔다. 무척 추운 겨울날, 택시를 타고 이른 새벽 어둠을 뚫고 구포역으로 향했다. 배내골 등산을 다니면서 어영에 가는 마을버스는 이른 아침밖에 없다는 사실을 알고 있었기 때문에, 국전계곡을 뛰고 싶은 욕망은 이른 새벽의 추위를 극복할 수 있게 해주었다.

구포에서 7시 기차를 타고 원동역에 도착하여 어영행 버스를 탔다. 어영마을을 향했는데 버스 안에는 날씨가 워낙 추워서인지 탑승객은 서너 명에 불과했다. 버스 종점에 내리니 어영마을은 수십 호 정도 되는 것 같았고, 동네 길에는 왕래하는 사람들이 거의 보이지 않았다. 고갯마루까지 등반하면서 돌아보니 어영마을은 전형적인 산촌마을 풍경을 보여주었다. 고갯마루에서 십여 분간 숨을 돌리며 조깅에 빠지게 된 연유를 생각해 보았다.

군대 제대 후 1주일이 늦어 복학이 되지 않았다. 일주일이 늦어 1년을 놀게 된 스트레스 때문에 몸이 비쩍 마르고 혈압이 올라갔다. 아무것도 못 하고 방에 있었다. 이웃 사람들이 그렇게 하지 말고 운동을 하라고 권하였다. 거처가 금정산 밑 식물원 근처라 아침마다 금정산 중턱까지 올랐다. 그러기를 달포 정도 지나니 컨디션이 조금씩 좋아지고 몸무게도 늘었다. 그 뒤로 새벽 등산은 습관이 되고 주말이면 금정산 능선을 오르고 하여 등산이 취미가 되었다.

1년이 늦어졌지만 복학 이후 학업은 재미가 있었다. 동급생들이 스스로 깨치려 하지 않고 계속 나에게 질문하였다. 나는 "모른다."라는 소리를 하기 싫어서 문제가 해결될 때까지 끝까지 물고 늘어졌다. 그 결과 다른 학생들과 실력의 차이가 점점 벌어졌다. 나는 공부를 계속하고 싶은 욕심이 생겨 "학교에 남고 싶다."라고 지도교수님께 말씀드렸다. 교수님께서 "기계특성화 정책 때문에 학부 학생들이 너무 많아 본교에서는 대학원 지도가 부실하니 서울로 가라."고 하셨다.

서울에 갔더니 새벽 등산코스가 부실하여 운동장을 뛰는 조깅을 시작하였다. 광산전문학교 운동장이라 하여 꽤 넓은 운동장을 뛰어서 도는 조깅이었다. 운동장을 뛰는 단조로운 조깅이 지루하여 공릉동 역 앞에 있던 하숙에서 육사 앞까지 25분, 왕복 50분 조깅을 시작하였다. 그러던 차에 카터 미국 대통령께서 한국을 방문했을 때 조깅하는 모습을 보고, 그때까지 국내에서는 생소하였던 조깅이 조금 알려지게 되었다. 조깅을 하면서 남의 집 대문 앞에 있던 신문의 헤드라인을 보고 모교에서 일어난 10 · 26 민주항쟁도 알았다. 계속 조깅을 한 결과 한 시간에서 두 시간까지 쉬지 않고 뛸 수 있게 되었다.

상기된 기운으로 고개를 넘어 국전계곡으로 내달렸다. 조금 내려가니 추운 겨울바람에 에메랄드빛 물결이 출렁거리는 국전저수지가 있었다. 맑은 햇살에 반짝이는 국전저수지! 지도에서만 보던 국전지를 바라보며 꼭 밟아 보고 싶었던 작은 소망을 이룬 성취감으로 온몸에 감겨오는 새 기운을 받으며 추위도 잊은 채 한참을 머물렀다.

그 후로도 일상에서 국전지 물빛은 문득문득 생각날 정도로 인상적이었다. 계속 달려서 내려가니 계곡은 제법 넓어져 소박한 농촌 풍경이 전개되고 비닐하우스에서 일하는 사람들의 모습도 볼 수 있었다.

한참 세월이 지났다. 최근에 국전계곡을 갔을 때 전형적인 산촌이었던 이곳에는 군데군데 근사한 전원주택들이 들어서 있었다. 그 전원주택들은 성공한 도시인들이 지은 집도 있지만 그 마을에서 태어나 도시에 나갔다가 은퇴하여 귀촌한 사람들도 있다고 한다. 전원주택들과 오밀조밀 가꾸어놓은 텃밭, 고목이 된 정자나무, 감나무 등을 바라보면 어릴 적 시골에서 자란 추억의 편린들이 아련해지며 마음이 훈훈해졌다.

지금도 5만분의 1 지도에서 못 가본 계곡을 보면, 가보고 싶은 욕망이 일어난다. 그전과 달리 SUV 자동차로 마음만 먹으면 바로 출발할 수 있게 되었다. 수시로 영남알프스 남부의 제2, 제3의 국전계곡을 트레킹한다. 30년 전에는 시골 국도에 차가 별로 다니지 않아 조깅이나 트레킹이 가능하였다. 최근에는 시골 국도라도 확 포장되어 차량 왕래가 잦아 트레킹이 불가능하다. 그러나 국전계곡 같은 계곡 길에는 자동차 왕래가 잦지 않아 트레킹을 즐길 수 있다. 고속도로와 잘 정비된 국도를 이용하면 부산, 울산, 대구 등 대도시에서 1시간 남짓하면 계곡 입구에 도착할 수 있다. 계곡 길은 상류로 가면 경사가 있고, 대부분 임도와 연결되어 있어 트레킹을 하는 데 무리가 없다. 한나절 정도 투자하면 전원 풍경과 운동을 동시에 즐길 수 있다. 여행의 일상화를 위해서 계곡 트레킹을 권하고 싶다.

02 길안천

    길안천은 보현산군 북쪽 산록으로부터 시작한다. 보현산은 보현산 천문대로 유명하며 영천시와 청송군의 경계를 이루는 산군들이다. 35번 국도를 따라가다가 노귀재 터널을 지나 908번 도로를 타면 산중으로 이어진다. 조금 지나면 저수지를 만나 산골의 정취를 느끼며 주행할 수 있다. 우거진 나무들 사이로 조그만 호수를 바라보는 즐거움은 마음을 비우게 한다.

    고개를 넘어 산촌길을 계속 주행하면 상당히 큰 호수를 만나게 된다. 성덕호이다. 성덕호는 해발 360m가 넘는 곳에 있는 다목적 댐이다. 기존에 있던 수락 저수지를 다목적 댐으로 재개발하여 2015년 10월에 준공하였다. 길안천 중류 협곡에 댐을 건설하려 했으나 아름다운 경치를 보존하려는 주민들과 청송군의 맹렬한 반대로 포기하였다. 대신 상류의 성덕댐을 건설하였다고 한다. 길안천 중류는 '한국 아름다운 하천 50선'에 선정되었다.

  성덕호는 소양강댐, 평화의 댐보다 해발이 더 높다고 한
다. 산속에 있는 조용한 호수, 큰길에서 떨어져 있는 고즈
넉한 산길에 호수가 있어 드라이브하는 기분이 좋다. 해발
이 높아 공기가 더 맑은 느낌이다. 댐 밑에는 수달 캠프장
이라는 캠핑장이 있다. 킥보드장, 축구장 등이 있어서 어
린이들이 산골 맑은 공기를 마시며 마음껏 놀 수 있게 되
어 있다.

  댐을 경계로 청송군 안덕면이다. 안덕면으로 들어오면
골짜기가 점차 넓어지며 주위는 온통 사과 과수원이다. 계
속 내려오니 더욱 넓어지며 제법 큰 취락이 나타난다. 안
덕면사무소 소재지이다. 생각보다 번화하다. 카페가 대여
섯 곳 있는 것 같고 점포들이 깨끗하다. 농협 하나로마트
에 들어가니 어지간한 도시 마트보다 깨끗하다는 느낌이
들었다.

  몇 년 전 고흥군 나로도 가는 길에 보았던 포두면의 모습
과 너무나 대조적이었다. 1960년대 말, 해창만 간척사업
으로 대대적으로 보도되었던 포두면 넓은 들의 배후도시,
포두면 소재지의 황량했던 모습들. 당시 사과의 외형과 쌀

의 외형이 비슷하다는 보도를 본 기억이 난다. 조선시대 조세와 착취와 부의 대상이었던 쌀의 위상의 변화를 포두면의 황량함이 나타낸다고 할 수 있겠다.

안덕면 소재지를 지나 조금 내려가면 현서면을 흘러온 길안천 본류를 만난다. 성덕호, 안덕면 소재지를 흘러온 하천은 보현천으로 규모는 본류와 못하지 않으나 유로가 조금 짧은 것 같다. 보현천은 성덕호에 흘러들어오는 하천 두 개가 있어 수량은 본류보다 못하지 않다. 한층 넓어진 길안천은 현동면의 물을 모은 눌안천을 합친다. 여기서부터 신성계곡이 시작된다. 신성계곡을 녹색길로 조성하여 트레킹할 수 있게 하였다. 푸른 숲과 맑은 물, 그리고 기암괴석으로 된 언덕들. 마치 선계(仙界)에 들어온 느낌이 들 정도이다. 자동차를 타고 그냥 지나가면 많은 것을 놓치고 만다. 충분한 시간을 가지고 트레킹할 것을 권하고 싶다.

중앙고속도로가 개설되기 전 경북 북부지방을 여행하기 위해 35번 국도를 타고 가면 마사터널을 지나 안동시 길안면에 들어가서 조그만 하천, 송제천을 따라서 간다. 조금 내려오면 갑자기 하천이 넓어지는 것을 알 수 있었다. 그

것이 청송군 서부 3개 면의 물을 모은 길안천 본류와 합쳐진 결과이다. 그 본류를 갈 기회를 만들 수 없어 고심을 많이 하였다, 그 열망은 은퇴 후에 비로소 이루어졌고, 그때의 감격은 아직 잊을 수 없다.

늦가을 좁은 골짜기에 붉은 사과 과수원, 그리고 산과 물이 만드는 풍경들, 마음을 완전히 빼앗긴 기억이 생생하다. 사진기를 든 몇몇 여행객들이 풍경들을 사진기에 담고 있는 모습들, 눈에 선하다.

흔히 청송 하면 주왕산, 달기 약수터, 주산지를 들겠지만, 길안천 중류에 있는 협곡도 못지않다고 느꼈다. 뒤에 알고 보니 이 계곡이 신성계곡으로 청송 제1경이라 한다. 협곡이라 댐 길이가 짧아도 되고 보상액도 작아도 되니 수몰될 뻔하였다고 한다.

현재는 신성계곡 지질탐방로 녹색길로 조성하였다. 트레킹을 하면 도로를 차로 주행하는 것과 또 다른 느낌이 든다.

보현천과 길안천 본류를 합하고 현동면에서 흘러온 눌안

천을 합친 길안천은 안덕면 신성리로 흘러간다. 여기서부터 신성계곡 지질탐방로가 시작된다. 입구에 신성학습관 안내센터가 있다. 그 옆에는 넓은 주차장도 있어 탐방객들이 이용할 수 있게 하였다. 차를 주차하고 얼마 안 가면 맞은편에 높은 절벽이 있고 숲이 우거진 유원지가 나타난다. 방호정 유원지이다.

바위 절벽 위에 아름다운 정자가 있다. 17세기에 방호 조준도 선생이 지었다. 방호 선생은 산림처사로 은거하면서 어머니 묘에 아침저녁으로 문안 인사를 드리기 위해 건립했다고 한다.

방호정을 지나 징검다리를 건너가다 보면 절벽 위에 우거진 소나무 숲이 나온다. 그 옆을 지나가면 갑자기 기분이 좋아진다. 소나무들이 뿜어내는 피톤치드와 흘러가는 길안천에서 나오는 음이온의 영향으로 판단된다. 건너편 산에서 보면 숲의 모양이 남한의 형세를 하고 있다.

계곡을 따라 사과 과수원이 계속된다. 봄이면 흰 사과꽃과 신록, 여름이면 진초록의 잎들을 볼 수 있다. 가을이면 길안천 협곡에 핀 단풍들과 붉은 사과들이 어울려 최고의 풍경을 보여준다. 푸른 가을 하늘과 흰 구름, 그리고 붉은 사과의 풍경들을 바라보면 별세계에 들어온 느낌이다.

　강을 따라 이어진 언덕이 차츰 낮아질 무렵 길고 큰 바위 언덕이 전개된다. 자암의 경이로운 풍경이다. 붉은 언덕의 모습이 마치 병풍 같다 하여 '붉은 병풍바위'라고도 한다. 길이 300여m 높이 50여m의 자암(紫巖)은 퇴적암층이다. 절리들이 불규칙하게 가로 또는 세로로 된 기암괴석이다. 맞은편에 자암 전망대가 있다. 자암 적벽 밑에는 다슬기가 많다. 7월 말~8월 초에는 다슬기 축제가 열릴 정도이다.

　신성계곡 녹색길 지질 탐방로가 끝날 무렵 백석탄길이 시작된다. 여기의 마을 이름이 고와리이다. 옛날의 고을 원님께서 이 근처의 경치가 너무 좋아 고와리로 이름을 정했다고 한다. 이곳에 백석탄의 비경이 전개된다. 갖가지 형상을 한 기암괴석들이 무리를 이루고 있다. 흰 돌들의 여울, 백석탄이 굽이치고 있는 것이다. 물이 세차게 흐를 때 약간 깊어진 곳에서 회오리처럼 회전하여 항아리처럼 돌개구멍(포트홀)이 생긴다. 백석탄에는 이러한 모습을 볼 수 있는 전망대가 있다.

길안천은 안동시 길안면으로 흘러간다. 안동시 길안천 연변은 여느 농촌과 큰 차이가 없다. 길안천은 반변천으로 흘러간다.

03 내성천

내성천은 모래하천이다. 경상북도 봉화군 물야면에서 시작하는 내성천은 보기 드문 모래하천으로 알려져 있다. 모래 밑에서 주로 서식하는 모래무치의 생활습성을 촬영한 TV특집이 몇 번이나 방영된 적이 있는 아름다운 하천이다.

내성천은 소백산 국립공원 지역을 동쪽으로 살짝 벗어난 물야면 오전리 선달산(1,236m)에서 시작한다. 시작한 지 얼마 안 된 내성천 상류의 물은 모아 저수지에 갇힌다. 나무 사이로 보이는 시원한 저수지 모습, 또 다른 느낌이 든다. 저수지 옆에 "111km 내성천이 여기서 시작한다."라는 표지석이 서 있다.

저수지 옆으로 915번 국도가 지난다. 915번 도로로 조금 지나면 오전약수가 있다. 조선시대 전국 약수 중에서 1등 한 적도 있는 약수이다. 위장병과 피부병에 좋다고 알려져 있다. 조선 중종시대, 풍기군수를 지낸 주세붕은 "마

음의 병을 고치는 좋은 스승에 비길 만하다."라고 하였다
고 한다. 약수터 옆 바위에 "맑고 깨끗한 마음을 지니라."
라는 뜻의 주세붕의 휘호가 새겨져 있다.

　내성천은 흘러서 물야면 소재지 오록리에 이른다. 오록
리에서 931번 지방도를 타고 서쪽으로 가면 석양이 아름
다운 부석사가 있는 영주시 부석면에 갈 수 있다. 내성천
을 따라 915번 지방도로 주행하여 얼마 안 가면 제법 큰
가지 계곡이 있고 포장된 도로가 하천을 따라 나 있다. 이
도로를 따라 한참을 올라가면 해발 600m에 축서사가 있
다. 이러한 산골에서 보기 힘들 정도로 큰 사찰이다. 신라
시대 창건한 사찰로 부석사 건설 시 각종 지원을 여기서
하였다고 한다. 사찰 뜰에서 바라보는 풍경이 볼만하다.

　내성천은 남류하여 봉화읍에 이른다. 봉화읍은 봉화군
서쪽 끝으로 영주시와 접하고 있다. 봉화군청은 봉화군 중
앙에 있는 춘양면에 있었다고 한다. 한일합방 후 일제는 접
근이 어려운 춘양면에서 1913년 당시 내성면으로 옮겼다.
군청소재지 자격으로 내성면은 봉화면이 되었다가 1979년
군청소재지 자격으로 봉화읍으로 승격되었다. 봉화읍에서

서는 5일장의 명칭이 내성장으로 남아 있고 봉화읍 중앙으로 흐르는 하천의 이름이 그대로 남아 있는 셈이다.

봉화읍 시가지에는 송이버섯과 산나물 등 임산물을 취급하는 상점이 산지에 가까운 춘양면보다 훨씬 많은 것 같다. 행정중심지의 위력이 느껴진다. 내성천은 봉화읍 중심을 흐르며 봉화 시가지를 양분한다. 봉화군청은 서쪽 언덕 위에 있고 소나무로 조경을 잘하여 춘양목 분위기를 잘 살리고 있다.

내성천은 깊지는 않지만 넓은 소를 조성하여 여름에 은어 축제를 한다고 한다. 조금 위에는 인공 여울을 만들어, 여울이 흰 거품을 일으키며 흐르는 모습과 여울 물소리를 즐길 수 있도록 하였다. 곳곳에 은어 조형물과 송이 조형물이 있어 봉화읍은 은어와 송이의 고장임을 웅변하고 있다.

내성천은 봉화읍에서 남 서류하여 봉화읍 도촌리에서 부석사가 있는 영주시 부석면에서 흘러온 낙화암천을 만난다. 부석사는 비탈에 계단식으로 평지를 만들어 절을 지었다. 무량수전이 유명하다. 석양에 남서쪽으로 전개되는 풍경이 좋아 저녁무렵에는 사진작가들이 운집한다. 남화암천은 소백산 남쪽사면의 동쪽 편 계곡의 물들을 모아 흐르는 하천이다.

내성천은 흘러서 영주시 평은면에 도달한다. 평은면은 협곡이 많아 영주댐 건설로 면 지역 대부분이 수몰되고 말았다. 영주댐 건설은 반대하는 의견이 많았음에도 불구하고 건설되었다. 전국에서 보기 힘든 모래하천을 잃는다는 주장이 거세었음에도 불구하고 4대강 개발사업의 일환으로 건설되었다고 한다. 건설 목적은 내성천에서 내려오는 깨끗한 물을 모았다가 하천 유지수로 흘려보내 낙동강의 수질을 개선하고자 하였다. 담수 후 영주호에서 녹조가 다량 발생, 아직까지 완전 가동이 되지 않고 있다.

영주댐을 지난 내성천은 영천시 문수면 수도리에서 내성천의 가장 큰 지류인 서천을 만난다. 서천은 유역 면적과 수량이 내성천 본류에 못지않으나 원류에서의 거리가 짧아 지류로 머물게 되었다.

서천은 소백산의 주봉인 비로봉(1,439.5m)남쪽 사면의 서쪽에서 발원한 금계천과 연화봉과 죽령의 남쪽 사면의 물을 모은 남원천이 풍기읍 시가지 남쪽 끝에서 합류하여 흐르는 하천이다. 풍기는 인삼과 인견사가 유명하다. 시내 곳곳에 인견사와 인견포목을 취급하는 업체가 눈에 띄어 이국적인 느낌을 들게 한다. 풍기읍 시가지 동쪽 끝 언덕에 깨끗한 건물군이 눈에 띈다. 시골 읍과 어울리지 않는다고 생각하여 갔더니 동양대학교 캠퍼스였다. 캠퍼스는 크고 깨끗하였으나 분위기는 한산하기 그지없었다.

서천은 남쪽으로 흘러 영주 시가지 북쪽 끝에서 죽계천과 만난다. 죽계천은 소백산 주봉 비로봉에서 발원하여 죽계구곡을 지나 소수서원을 지난다. 소수서원은 우리나라 최초의 사액서원으로 규모가 크다. 옆에는 영주 선비촌을 조성하여 우리나라 선비문화를 체험하게 하였다. 옛 양반집에서 숙박할 수 있게 하고 옛 음식을 맛볼 수 있는 식당들도 여럿 있다.

소수서원과 선비촌 옆으로 흐르는 죽계천은 우거진 소나무와 인공적으로 만들어진 소(沼)가 어울려 아름다운 계곡미를 보여준다. 죽계천 옆 언덕 위에 옛 서적을 전시한 자료관이 있다. 이제까지 본 많은 자료관과 차원이 다른 옛 선비의 멋을 느낄 수 있다. 풍기와 영주에 갈 기회가 있으면 소수서원 자료관에서 선비문화의 분위기와 멋을 느껴 보았으면 한다. 중앙고속도로 풍기 나들목에서 나와 931번 지방도를 북동쪽으로 20여 분 주행하면 소수서원에 도착한다.

서천은 영주 시내를 관통하여 흐른다. 영주는 김천에서 출발하여 경북 북부지방을 지나 영주까지 오는 경북선과 낙동강 상류를 지나 강릉까지 가는 영동선이 교차하는 교통의 요지로 발전한 도시이다. 50년대 태백 탄광지역 석탄을 운반하기 위해 어려운 형편인데도 영동선을 개통하였다. 70년대 중반 제천에서 태백까지 태백선이 개통된 뒤 영동선의 중요성이 많이 퇴색되었다.

서천과 합친 내성천은 수도리 무섬마을을 휘돌아 흐른다. 무섬마을, 또는 물섬마을 뒤편은 산이고 앞쪽은 내성천이다. 150m의 제법 긴 외나무다리가 350년간 외부와 이곳을 연결하였다고 한다. 통나무를 반으로 나누어 연결한 외나무다리를 건너면 모래 위를 흐르는 내성천 특유의

모습을 볼 수 있다. 수도리 마을은 사람이 사는 고택들이
있고, 숙박과 식사도 가능하다고 한다. 영주 나들목에서
나와 서천을 따라가다가 서천과 내성천 본류가 만나는 지
점에 무섬마을이 있다.

04 내린천 상류

내린천은 아름다운 하천이다. 여름이면 래프팅하는 젊은 이들로 북적인다. 내린천은 소양강 상류로, 북류하던 하천이 인제읍에서 내설악에서 내려오는 북천과 합류하여 소양강이 된다.

초년 교수 시절 내린천에 가고 싶은 열망에 마음 졸이던 생각이 난다. 당시 중앙 언론과 여행가들이 내린천과 그 지류에 대해 많은 글을 쏟아내던 시절이었다. 어느 해 8월 중순 드디어 내린천에 가는 기회가 생겼다. 자가용 자동차가 없으면 내린천에 접근이 아예 불가능하다. 특히 남쪽에서 더욱 그러하다. 당시 운전면허가 없었던 나는 운전면허가 있는 아내에게 사정사정하여 내린천 계곡을 통과하는 기회를 얻었다. 당시에 할머니 제사를 지내기 위해 대중교통을 이용하여 1년에 한 번씩 인제군 북면(면 소재지인 원통으로 더 알려져 있다.) 한계리에 사는 사촌 동생 집에 가던 때이다.

아내는 운두령을 위시한 산길을 가자고 한다고 불평을 심하게 하여 내린천을 제대로 보지 못하고 말았다. 아내는 국내여행 특히 산촌 여행을 아주 싫어한다. 산촌을 지나면 즐길 수 있는 아기자기한 풍경을 감상할 수 있는 마음의 여유를 소유하지 못한 탓이다.

그리하여 용기를 내어 운전학원에 등록, 두 번 불합격 후 운전면허를 취득하였다. 그 이후 단독으로 내린천 계곡을 주행하는 기쁨을 누릴 수 있었다. 우리나라에서 자동차로 넘을 수 있는 고개 중 운두령이 가장 높다고 한다. 해발 1,100m에 이르는 운두령, 오를 때보다 내려갈 때 더욱 힘들었다. 구불구불 도는 산악 도로, 그러나 그 경치는 볼만하여 즐겁게 내려가던 기억이 눈에 선하다.

모처럼 간 내린천, 많은 하천을 보아온 입장에서는 크게 감동하지 못한 것으로 기억된다. 수량은 많고 래프팅을 하기에는 좋아 보이나 '각종 언론에서 격찬하는 수준은 되지 못하다.'라는 느낌이 들었다.

5만분의 1 지도를 보니 구룡령에서 내려오는 계방천과

운두령에서 내려오는 자운천이 광원리에서 합류, 내린천이 된다. 내린천 상류는 아주 긴 협곡을 이루고 있었다. 그 협곡에 446번 지방도가 지나고 있었다. '여기다!' 싶었다. 큰마음 먹고 31번 국도로 가지 않고 56번 국도로 우회전 후 광원리 삼거리에서 446번 지방도로로 좌회전하여 꿈에 그리던 내린천 상류 협곡에 진입할 수 있었다.

내린천 상류에 진입한 순간 '여기가 내가 그리던 계곡이다.'라는 생각이 절로 들었다. 내린천은 북 서류하며 많은 절경을 보여준다. 북쪽에는 방태산 구룡덕봉 등 1,500m에 육박하는 높은 산이 있고 남쪽에도 1,000m에 육박하는 산군들 사이에 내린천이 흐른다. 방태산 가칠봉 구룡덕봉 개인산 등 산군들은 원시의 자연미를 고스란히 보존하고 있다. 인구밀도가 도시국가를 제외하고 세계에서 세 번째로 높은 남한에 이러한 비경이 남아 있다니 감탄사가 절로 나왔다.

살둔, 월둔, 달둔 삼둔 중 살둔에만 사람이 산다고 한다. 살둔산장은 한국에서 사람이 살고 싶은 100선에 꼽힌다고 한다. 산반수반정(山半水半亭), 침풍루(寢風樓), 육침선방(陸

沈仙房) 등 이곳 분위기에 맞는 건물들이 있다. 육침선방은 경치가 너무 좋아 나갈 때를 못 만나 땅에 사는 신선이 사는 방이라고 한다. 도시에서 잘나가는 삶을 살다가 살둔계곡의 매력에 빠져서 살둔 산장을 이루고 사는 부러운 분이다. 인생은 한바탕 살다 간다고 생각할 때 물소리, 바람소리, 새소리에 묻혀 사는 즐거움, 누가 말릴 수 있을까?

살둔계곡을 지나면 인제군 상남면 미산리에 이른다. 동네 이름이 아름다운 산마을 미산리이다. 이곳은 31번 국도에서 가까워 그림 같은 전원주택들이 군데군데 눈에 뜨인다. 숲속에 묻혀 있는 그림 같은 주택들, 부럽다. 그러나 그 주택들도 풍경의 일부를 이루고 있으니 정겹게 보인다. 최근 서울−양양 고속도로가 개통되어 수도권에서 접근성이 좋아져 더욱 부럽다.

내린천은 오대산 산줄기의 북쪽 물을 모아 시작한다. 오대산이 유명하여 오대산 비로봉에서 내려오는 물줄기가 내린천 원류, 나아가 소양강 원류로 알려져 있다. 대부분의 지도에 비로봉에서 내려오는 물줄기가 내린천 상류로 표시되어 있다. 이것은 오대산에서 내려오는 오대천이 한강의 원류로 알려진 것과 맥을 같이한다. 한강은 태백시에서 발원한 골지천으로 밝혀졌다.

내린천은 백두대간에 있는 응봉산 서쪽 산록에서 시작하여 오대산맥 북쪽 산록에서 흘러오는 물을 모아 살둔계곡, 미산리계곡 등 아름다운 협곡을 이루고 있는 것이다. 응봉산은 유명한 구룡령에서 가깝다. 오대산맥은 남한강과 북한강의 분수령이 되는 셈이다. 내린천 최상류는 홍천군 내면 명개리이다.

홍천군 내면은 전국에서 가장 넓은 면이다. 양산시 전체와 맞먹는 면적을 가지고 있지만 인구는 양산시의 1% 정도이다. 해방 전에 내면은 인제군에 속했지만 분단으로 인제군 대부분이 38선 이북으로 들어갔다. 인제군은 폐군이 되고 내면은 이웃 홍천군으로 합병되었다. 6·25 이후 인제군 북부가 수복되어 복군이 되었지만 내면은 홍천군에 잔류하게 되었다. 내면의 면 소재지 창촌리에서 홍천군청까지의 거리가 63km에 달한다. 홍천군 대부분은 홍천강 유역으로 이루어져 있고 유일하게 내면만이 소양강 상류이다. 내면의 면적이 만만찮아 홍천군은 동서로 길게 생긴 특이한 고을이다.

내면은 해발 600m 이상이다. 고랭지 채소를 주로 재배하고, 산촌을 찾는 관광객을 상대로 펜션을 운영하는 사람들이 늘고 있다. 홍천 내면은 깊고 높은 산촌이지만 31번 국도와 56번 국도가 지나간다.

31번 국도는 1,100m가 넘는 운두령을 넘어야 남쪽에서 접근할 수 있고 동쪽에서 접근하려면 1,000m에 육박하는 구룡령을 넘어야 한다. 1997년 내면과 양양 사이의 56번 국도가 확 포장되어 승용차도 통행이 가능하다는 소식을 듣고 가슴 설레던 기억이 눈에 선하다. 구룡령, 99구비를 돌아야 넘을 수 있다는 구룡령을 자동차로 주행하던 기분, 명계리 내린천 최상류를 주행하면서 느끼던 전율이 잊혀 지지 않는다. 자동차가 있고 운전을 할 수 있다면 운두령이나 구룡령을 넘어 남한 최후의 비경을 만끽하는 기회를 놓치는 것은 안타까운 일이다.

05 밀양 단장천

'밀양강을 보고 낙동강이다.'라고 하는 사람들이 많다. 경부선 열차를 타고 삼량진을 지나고 조그만 터널을 지나면 제법 넓은 강이 나타난다. 밀양강 하류이다. 맞은편에 넓은 밀양 평야가 전개되어 낙동강 본류로 오인하기 쉽다. 삼량진(三浪津)의 이름의 근원이 세 줄기의 물이 만난다는 의미이다. 즉 내려오는 낙동강 본류의 물결과 밀양강의 물결, 두 물결을 합친 낙동강을 의미한다.

단장천이 청도에서 내려오는 동창천과 밀양시 활성동에서 합류하여 밀양강이 된다. 밀양강 상류에는 가지산을 비롯한 1,200m급 산이 많다. 비가 많이 오면 홍수 위험이 많아 밀양 시내는 강의 줄기가 나누어져 있다. 삼문동은 밀양강 줄기로 둘러싸인 섬이다.

단장천은 그 유역이 대부분 밀양시 권역이다. 밀양 사람들이나 밀양시 입장에서는 단장천을 꾸미는 사업에 관심이 많은 것은 당연한 일이다. 2019년 말에 완공된 고향의 강 정비사업이 그 예이다. 단순한 하천 정비에 그치지 않고 물길을 따라 하천의 역사와 정취를 느끼게 하는 사업이다. 밀양 사람뿐만 아니라 농촌 고향을 떠난 누가 가도 고향을 느끼게 하는 하천으로 탈바꿈하였다. 숲이 우거지고, 골짜기마다 저수지가 축조되어, 하천변이 잡초로 덮인 것을 복원한다는 의미이다. 단장천의 가장 큰 지류인 동천과의 합류점에서 동창천과의 합류점까지 근 20리에 달하는 고향의 강으로 복원하였다.

단장천은 천황산(1,189.0m) 동쪽 계곡에서 발원하여 영남알프스 중앙에 있는 배내골로 흐른다. 배내천, 배내(梨川)라고도 하는 단장천 상류이다. 부산이나 양산 사람들에게는 배내천으로 알려져 있는 배내계곡의 상류는 펜션촌, 하류는 전원주택촌으로 탈바꿈하였다.

배내의 상류는 울산광역시 울주군 상북면, 하류는 경남 양산시 원동면이다. 하천의 물줄기는 밀양으로 흘러가지만, 그 사이에 협곡이 길게 있어서 밀양시 단장면과는 거래가 없었다. 물리적으로 거리가 가까운 언양장, 석계장으로 가기 위해 높은 산을 넘었다. 1,000m에 가까운 고개를 넘어 다녔다. 이러한 괴로운 일들은 5·16 이후 70년대 초에 해결되었다. 배내고개를 넘어 양산시 원동면 영포리로 넘어가는 도로가 개통되어, 중형버스가 하루에 몇 번씩 경부선 원동역까지 운행하게 된 것이다. 버스는 원동기차 시간에 맞추어 다녔다. 배내 사람들은 주로 구포 상설시장을 편리하게 이용하게 되었다.

그 버스는 후에 많은 등산객들도 애용하게 되었다. 새벽 기차를 타고 원동역에서 하차, 버스를 탔다. 장선리 종점에서 하차, 파래소 계곡으로 등반하였다. 젊은 시절에 보았던 파래소 계곡의 기암괴석, 맑은 물이 눈에 선하다. "무슨 일이든 할 수 있을 때 하라."는 말이 뼈에 사무친다. 간월고개를 넘어 언양 등억리로 넘어와 시원한 막걸리 마시던 추억, 인생은 이렇게 흘러간다.

단장천은 남 서류하다가 배내계곡 끝부분에서 북 서류하여 협곡으로 들어간다. 협곡의 길이는 5km 정도이다. 이 협곡이 배내와 밀양을 단절시킨 것이다. 협곡이란 산과 하천이 직접 만난다는 말이다. 기암괴석과 푸른 물이 어울리는 풍경, 그 경치는 다시는 볼 수 없게 되었다. 그때 용기를 내어 갈 생각을 하지 않았다면 결코 볼 수 없었을 것이다. 특히 농암대, 점필재 김종직 선생께서 "세상에 이렇게 경치 좋은 곳이 있을 수 있느냐?"라고 극찬하신 곳을 볼 수 있었다.

협곡이라 보상의 부담이 작은 이점이 있어서인지 수몰되고 말았다. 밀양과 양산의 식수를 위해 밀양댐이 건설된 것이다. 밀양댐 건설의 결과로 배내와 밀양 고례리 사이에 1051번 도로가 연결되었다, 조금 험하기는 하지만 최고의 드라이브 코스가 생긴 것이다. 푸른 호수와 수몰되지 않고 남아 있는 기암괴석들이 어울리는 모습, 자가용 승용차가 있는 사람들은 세워두지 말고 한 번씩 가볼 만하다.

배내 사람들과 배내를 방문하는 사람들에게 가장 반가운 희소식이 생겼다. 울산-밀양 고속도로 배내 나들목이 울산과 양산의 경계 부분에 건설되고 있다. 올 연말에 개통된다고 한다. 배내고개와 능동고개를 꼬불꼬불 힘겹게 넘지 않아도 되게 되었다.

밀양댐 근처에는 깨끗한 전원주택과 펜션들이 많이 들어서 있어서 외국에 온 기분이 든다. 밀양댐 생태공원이 넓게 조성되어 있고 수력발전소도 있다. 수력발전소는 하천 유지수로 발전하는 것 같았으나, 유감스럽게도 거의 가동하지 않는 눈치이다. 조금 내려가면 고례리 시루소 단장천 유원지가 조성되어 있다. 옛날에도 있었으나 모래밭, 산책로, 바위 절벽 등 규모가 많이 커졌다. 근처에 있는 평리 녹색 체험 마을, 풍류골, 산 중턱에 있는 풍류동 등, 산골의 정취를 맛볼 수 있는 마을들이 있다.

단장천 유역은 80년대까지 100% 벼를 심는 논이었다. 지금은 대추 과수원으로 많이 바뀌었다. 밀양 단장대추 생산단지가 된 것이다. 처음에는 재미를 본 눈치인데 최근에는 가격지지가 되지 않아 어려움이 있는 것으로 보인다. 수확을 포기한 대추나무가 많이 보였다.

조금 내려오면 표충사 계곡에서 내려오는 시전천과 만난다. 표충사 사하촌은 많이 정비되었다. 넓은 주차장과 트레킹 길, 정비된 음식점들 등 신경을 쓴 흔적들이 보인다. 절 앞에는 우거진 참나무 숲이 장관이다.

시전천과 단장천 본류가 만나는 범도리에서 해마다 대추 축제가 열린다고 한다. 여기서부터 동천 합류 지점까지 환경부 예산 사업으로 '단장천 생태하천 복원사업'을 한다고 한다. 예산은 고향의 강 사업보다 1.5배 정도 된다고 하니 단장천은 40리 가까이 옛 하천의 정취를 느낄 수 있는 하천이 된다는 것이다. 반가운 일이 아닐 수 없다. 배내 IC가 개통되면 단장천을 따라 배내와 밀양호, 그리고 시루소 유원지 단장천 생태하천, 고향의 강을 즐길 수 있다. 긴 늪 유원지 식당가에서 식사하고, 밀양 IC에 올라 부산-대구 고속도로로 귀로에 오를 수 있다. 기대된다.

06 섬진강 상류 나들이

섬진강은 맑은 강의 대명사이다. 섬진강은 장수읍과 진안군 백운면의 경계를 이루는 팔공산맥에서 시작한다. 팔공산 주봉과 조금 떨어진 오계치 밑 데미샘에서 발원하여 500리를 흐르는 것이다.

4월 21일은 데미샘 벚꽃 축제가 열리는 날이다. 부산에서 벚꽃이 지고 난 뒤 근 열흘 뒤에 마이산과 데미샘의 벚꽃을 기대하며 여행을 갔다. 아직 꽃봉오리도 생기지 않았다. 부산과 창원보다 3주 이상 차이가 난다고 하니 고원이란 실감이 났다. 여름 더위는 차이를 실감을 못 했으나 봄에는 확실한 차이가 나는 셈이다.

섬진강 발원지가 있는 진안군 백운면은 인구 2,000명 안팎의 전형적인 한국 농촌 지역이다. 지난여름 백운면 소재지를 지나 742번 지방도를 따라 장수읍으로 넘어갔다. 당시 해발 850m인 서구이재를 지나니, 고산 등산객을 위한 넓은 주차장을 건설해 놓은 점이 인상 깊었다. 그때 팔공산 주봉에서 내려오는 계곡물을 섬진강 원류로 생각하는 잘못을 범했다. 나중에 알았지만, 신암 저수지 동쪽으로 난 계곡이 섬진강 상류였다. 팔공산(1147.6m)이 섬진강 모산으로 알려져 오해하기 쉬운 것이다.

데미샘 자연 휴양림에서 1.2km만 가면 데미샘에 도달한다. 데미샘 자연 휴양림은 전라북도 산림 환경 연구소에서 운영하며 1박2일 예약만 받는다고 한다. 사람이 사는데 가장 쾌적하다는 해발 700m 지점에 자리 잡고 있다. 등산로 12km도 개설되어 있어 등산과 섬진강 원류를 볼수 있는 즐거움을 누릴 수 있다.

백운면 소재지에서 점심을 먹었다. 2,000명이 채 되지 않는 면의 면 소재지에 식당이 서너 곳 있었다. 한 식당에 손님들이 제법 있었다. 진안읍-성수 간 30번 국도 확 포장하는 근로자들이 대부분이었다.

공사를 담당하는 근로자들뿐만 아니라 주위 농촌 상인들에게도 도움을 주는 현장인 것이다. 음식도 먹을 만하고 상부상조하는 현장을 본 것 같아 기분이 좋았던 기억이 새롭다.

방금 시작한 섬진강은 백운면을 지나 마령면으로 흐른다. 마령면은 마령현 고을의 소재지였으나 지금은 여느 면 소재지로 전락하였다. 마령면 소재지 서쪽에서 마이산맥 남쪽 사면 물을 모은 은전천과 유명한 모랫재에서 발원한 세동천이 합류한다. 이 두 하천이 합류한 섬진강은 북서로 흐르다가 남서로 그 방향을 바꾼다. 이때 49번 국도를 따라가지 말고 섬진강 본류와 거의 같이 가는 745번 지방도를 따라가야 한다. 섬진강이 제대로 된 강 모습을 보여주며 주위 농촌 풍경과 어울린 강촌 풍경을 즐길 수 있다.

섬진강은 진안군 성수면을 지나 임실군 관촌면 방수리로 흐른다. 방수리에 도달하면 작은 호수 같은 소를 만날 수 있다. 745번 도로 맞은편에 승용차 한 대 지나갈 수 있을 정도의 도로가 달린다. 이 조그만 도로변에 메타세쿼이아 나무가 도열하고 있다. 이 도로를 왕복 한 시간 정도 걸었다. 메타세쿼이아 가지 사이로 보이는 푸른 섬진강과 산들바람, 아무도 없는 소로를 걷는 기분, 먼 길을 달려 온 보람을 느낄 수 있었다.

이러한 기분은 오고 싶었던 섬진강 상류에 왔다는 설렘, 그 이상의 것이다. 인적이 드문 계절, 그리고 그런 시간, 사소한 풍경에 감탄할 수 있는 정신적 여유가 필요하다. 은퇴 후 시간이 너무 잘 간다. 이제 연구 실적을 다툴 필요도 없고, 제자 논문 지도에 신경 쓸 필요도 없다. 어떻게든 마음을 비워서 신록 시절, 여름 진초록 시절, 가을 단풍 시절 이 길을 다시 와서 새로운 감탄을 할 수 있는 기회를 가져야 할 것이다.

745번 도로를 타고 계속 내려오면 관촌면 소재지에 도착한다. 관촌면은 인구 4,000명 정도로 일반 농촌 면보다 배 정도이다. 이러한 면은 거점면이라 하며 전통 시장도 서고 식당과 상점들이 영업을 하고 있다. 남원–전주 간 17번 국도가 지나고 전라선이 통과하고 있는 교통의 요지이다. 전주시 중심에서 30분 정도밖에 걸리지 않는다고 한다.

점심 식사를 위해 들른 식당에서 들은 말이다. 여름이 다가와 사람을 쓰자고 하니 아들쯤 되는 사람이 여름 한 철만 일하기를 원하는 사람이 없다고 한다. 여름에 손님들이 집중적으로 온다는 말이다.

관촌면 소재지 옆에 있는 섬진강을 건너면 국민관광지 사선대(四仙臺)가 있다. 1985년 12월 28일에 국민관광지로 지정된 이름난 관광지이다. 진안군 마이산의 신선과 임실군 운수산의 신선이 어울려 노는 것을 하늘의 두 선녀가 보고, 아름다운 경치에 반해 놀았다는 전설이 있다.

사선대는 섬진강물을 끌어들여 물이 머물지 않고 서서히 흘러 다시 나가도록 만든 공원이다. 보기 드물게 강 본류의 물을 아름다운 언덕 밑으로 끌어들여 바위와 나무들과 어울리게 꾸며놓은 공원이다. 조그만 저수지를 닮은 맑은 강물과 백사장 그리고 아름다운 언덕이 어울리게 만든 수변 공원이다. 인공 소 주위에 덱을 설치하여 편하게 트레킹할 수 있도록 하였다. 주위의 조각공원, 언덕 위 산책로를 걸으니 한 시간은 족히 걸을 수 있었다.

여름이 가까워오면 전주와 가까워 손님들이 많이 온다고 한다. 전주뿐만 아니라 타 지역 사람들도 마이산 관광을 왔다면, 수변공원과 언덕, 그리고 언덕 위에 있는 운서정(雲棲亭)에 올라 보면 섬진강 상류의 진수를 맛볼 수 있다.

구름이 사는 정자, 구름은 사는 것이 아니라 흘러가는 것이다. 인생 또한 그렇다. 영원히 살고 싶지만, 세월 따라 흘러가는 것이 인생이다. '흘러가면서 그냥 흘러가지 말고 섬진강 상류도 보고, 사선대도 보며 '구름처럼 물처럼 흘러가면(行雲流水) 어떻겠느냐?'라고 생각해 본다.

07 영강

"지금 안 보면 언제 보겠나?" 문경새재 제 3관문에서 노 교수님들께서 하신 말씀이다. 당시 대학에서 한 학기를 마치면 단합과 더 나은 연구와 교육을 위한 결의를 다짐하기 위한 여행을 떠나는 것이 관행이었다. 초년 교수 시절 문경새재 여행을 갔을 때 있었던 이야기이다.

문경 하면 새재이다. 임진왜란 이후 문경새재는 군사적으로 중요해졌고, 새재에 관문을 3개나 축조하였다. 해방 후 새재를 지나는 문경 쪽을 도립공원으로 지정하고 흙길로 만들어 트레킹하기가 좋다. 영강의 원류를 새재를 지나는 계곡으로 생각하기 쉬운 것은 문경 하면 새재이고, 문경 하면 영강이기 때문에 연관되기 때문이다.

그때까지 관광버스에 안내하는 사람이 동승했다. 그녀가 새재길이 험하다고 했다. 버스 한 대는 숙소로 바로 가고 한 대는 3관문에서 가장 가까운 도로에서 대기하기로 했다.

새재를 걸어가기로 한 팀은 대체로 나이가 많은 교수님, 특히 노교수님들이었다. 직행 팀들은 젊은 일반직들이었다. 당시 소장교수 입장에서 '지적 진통을 견뎌낸 교수님들이 다르다.'라고 생각하였다. 그런데 걸어보니 그다지 힘들지 않았다. 계곡물 소리를 들으면서, 옛 선비들을 생각하며 걸으니 쉬운 트레킹 코스였다. 옛 주막 터, 숙소 터를 보면서 걸으니 어느새 제 3관문, 충청북도 도계에 도착하였다. 노교수님들, 특히 정년에 임박한 교수님들께서 감개무량해 하시던 모습이 눈에 선하다.

숙소에 도착하여 힘들지 않았다고 하니 젊은 직원들의 원망이 대단하였다. '말만 듣던 문경새재 길을 언제 또 오겠느냐?'라고 생각하는 눈치였다. 당시에는 고속도로도 없었고 자가용 승용차도 귀하던 시절이라 더욱 원망이 컸을 것이다.

문경새재 계곡을 흐르는 물이 조령천이다. 조령천은 영강 본류와 마성면 신현리에서 합류한다. 합류점에서 십 리 가까이 영강 협곡이 시작된다. 합류점 동쪽 산에 삼국시대부터 내려오는 고모산성이 있다. 최근 복원하여 관광객들이 둘러볼 수 있도록 하였다.

영강 협곡은 합류점에서 십 리 가까이 계속된다. 맑은 물과 기암괴석으로 된 절벽, 봄이면 지천으로 피는 꽃 등이 절경이다. 청년 시절, 서울에서 공부하던 때 경부선을 타지 않고 버스로 이곳을 지났다. 잠깐 보고 있는 사이에 지나가 버리던 기억이 선하다. 여기를 진남교반이라 한다. 경북 8경 중 제1경으로 지정되었다. 인공폭포, 폐선 된 문경선을 이용한 레일바이크, 넓은 주차장 옆에 있는 푸른 소 등으로 여름에는 관광객들이 많다고 한다.

임진왜란 때 장군 신립은 영강 협곡과 새재에서 왜군을 막아내려 하지 않았다. 충주의 좁은 탄금대에서 배수진을 치고, 막으려다 대참패를 하였다. 본인도 남한강에서 자결하였다. 이 사실은 충무공 이순신 장군님과 너무 대조된다. 이순신 장군은 거북선 등 무기와 군사훈련뿐 아니라 지리 정보 수집에도 신경을 많이 썼다고 한다. 어민들과 술자리를 하며 '어디에 암초가 있고, 어디가 물살이 세다.'라는 등 남해 일원의 지리 정보를 파악하고 있었다. 이 정보를 기초로 왜선들을 위험한 곳으로 유인, 섬멸하였다.

문경 지방은 한국전쟁 후 석탄 개발이 본격화되었다. 점

촌에서 가은까지 철도는 1955년에 가은선이 들어왔다. 영
강 본류 유역에 위치한 가은면은 1973년에 읍이 되었다.
은성탄광은 가은 시내 가까운 곳에 위치한다. 이곳의 탄광
은 종업원이 3,000명에 이를 정도로 석탄 생산이 많았다
고 한다. 이 은성탄광이 석탄박물관으로 바뀌어 여러 가지
탄광 체험도 할 수 있다.

901번 도로를 따라 주행하면 영강 본류를 볼 수 있다. 영
강 본류와 비교적 넓은 들판을 보면서 달리면, 남미 민속품
전시장이라 표시된 간판이 나온다. 지시를 따라 들어가면
시골 분교 같은 건물이 나온다. 들어가 보니 내 나이 또래
주인이 반긴다. 볼리비아 등 남미 안데스 국가들에서 외교
관 생활을 오래 한 분께서 은퇴생활 겸 전시장을 운영한다
고 한다. 입장료는 4,000원을 받는다. 입장해 보니 눈에 익
은 장식도 있으나 보지 못했던 전시품이 많았다. 연로하여
남미 여행이 그림의 떡인 분들은 한 번쯤 둘러볼 만하다.

농암면 소재지를 지나 32번 국도로 바꾸어 주행하면 영
강은 또 다른 협곡을 지난다. 여기가 쌍룡 계곡이다. 길이
는 거의 십 리 정도이다. 비교적 알려져 있지 않지만 여름

에는 찾는 사람들이 많다고 한다. 음식점들과 숙박시설들이 제법 들어서 있다. 조용한 시골 정취를 맛보고 싶은 사람들에게 추천할 만하다. 조그만 폭포와 소 그리고 여울 물소리, 산촌의 정취에 빠져들 수 있다.

쌍룡계곡을 지나면 영강은 상주시 화북면에 이른다. 영강의 원류는 문경이 아니고 상주 속리산 문장대이다. 문장대에서 흘러온 물과, 영강 제일 지류 이안천 상류와 강령 고개를 맞댄 계곡에서 흘러서 온 물이 영강의 출발점이 되는 것이다. 영강은 속리산 국립공원 동쪽 사면의 물을 모아 시작한다.

속리산 동쪽 사면, 남부의 물을 모아 출발한 이안천 유역은 옛 함창고을을 이루었다. 1914년 상주와 합병되었다. 이안천 유역은 누에가 유명하여 함창읍은 생사공업과 그 유통의 중심지 역할을 하였고 지금도 일정 부분 하고 있다. 이안천은 상주시 함창읍 조금 남쪽에서 영강과 합류한 뒤 얼마 안 가서 낙동강과 합류한다. 이안천과 영강 본류 합류점 근처에는 넓디넓은 함창 평야를 이루어 상주 3백(白) 중 백미와 생사에 기여하고 있는 것이다.

08 영산강 상류

영산강은 우리나라 4대강이다. 섬진강보다 강의 길이도 짧고 유역 면적도 훨씬 작지만, 4대강 중의 하나로 불린다. 유역은 전라남도와 광주광역시로 이루어져 있다. 영산강을 이루는 양대 하천 영산강 본류와 황룡강이 광주시 서남쪽 광산구에서 합류한다. 이 두 하천이 만나면서 넓은 광주 분지를 이루었다고 보면 된다. 담양에서 흘러온 하천이 광주광역시 도심을 통과하므로 의심 없이 영산강 본류로 보고 한국지리원에서 발간하는 지도에 표시되었다.

최근 하천 관련 단체에서 영산강의 시원은 담양군 용면 용소가 아니고 황룡강 시원인 담양군 월산면 용흥사 옆 계곡이라고 하였다. 여기서 흐르는 물은 월산저수지를 거쳐서 장성호로 흘러간다. 특이하게 황룡강 본류와는 반대로 북류하다가 서류, 황룡강과 합친다. 그러나 대부분의 사람들은 영산강은 담양군 용면 용추산 밑에 있는 용소에서 시작한다고 보고 있다. 용소에는 영산강은 여기서 시작한다는 커다란 표지석이 서 있다.

이것은 태백시에 있는 황지 옆에 "낙동강의 시원은 여기다."라고 쓴 표지석과 같은 의미이다. 실제로 낙동강 최상류 황지천은 황지 뒤 매봉산(1,303.1m)줄기의 남쪽 산록의 물을 모아 흐른다. 영산강은 용추봉(584.0m) 남쪽 산록의 물들이 모여 용연폭포를 이루고 이 폭포가 용소를 이루어 영산강의 시원으로 알려져 있다.

한국 100대 산으로 알려진 추월산(629.0m)과 용주봉으로 이어진 산맥의 남쪽 산록의 물들과 섬진강 유역의 보를 막아 유역 변경한 물들이 담양호에 흘러든다.

담양호는 만수 면적 4만 제곱 km에 이르는 산중호수이다. 추월산 밑 담양호 변에 담양호 관광지가 있다. 넓은 주차장과 음식점 호텔 등 시설들이 들어서 있다. 담양호에는 보행교가 있고 보행교를 건너면, 목재 데크 트레킹길 2km와 흙길로 된 트레킹길 2km가 건설되어 있다. 대부분의 사람들이 데크로 된 트레킹길이 끝나면 돌아선다고 한다.

담양호 호반으로 29번 국도가 지나간다. 이 도로는 알

려진 유명 드라이브 코스이다. 담양읍 관광을 마치고 담양
군 용면 소재지를 지나면 담양호반을 만난다. 담양호반 트
레킹을 하고 추월산 용추봉 산악지대를 달리면 정읍 내장
산 국립공원에 도달한다. 내장산 국립공원은 단풍으로 유
명하다. 어느 가을날 새벽, 담양을 출발하여 29번 국도를
타고 내장산 국립공원에 갔던 기억이 난다. 트레킹길 옆의
단풍과 호수에 비친 단풍들, 햇빛에 비치는 물결의 모습

들, 내장산 단풍들과 비교해도 못지않았다. 내장산 국립공원 주차전쟁은 너무 심했다.

우리나라 사람들의 유명 관광지 편애 현상의 단면을 보는 것 같아 씁쓸하였다. 내장산 단풍들도 알려진 것보다 못한 것 같아 실망했던 기억이 생생하다. 은퇴한 분들은 평일 담양호 관광지에서 일박하고 새벽 트레킹을 마치고 내장산 관광을 권하고 싶다. 담양호를 지난 영산강은 담양읍 시가지 북쪽을 지난다. 관방제는 1648년 담양부사 성이성이 제방을 건설하였다고 한다. 뒤따른 부사들이 둑을 보강하고 나무들을 심어서 관방제림이 되었다고 한다. 현재는 나무들이 거목이 되어 담양읍의 명물이 되었다. 여름에 시원한 그늘에 국수를 파는 천막들이 들어서 장관을 이룬다. 담양호에 물이 갇히자 영산강은 습지로 바뀌었다. 우거진 갈대 등 풀들에 가려 강물이 보이지 않았다. 강이라는 생각이 전혀 나지 않았던 기억이 난다.

관방제림과 나란히 메타세쿼이아 길이 나 있다. 우리나라에서는 '수삼나무'라고 하지만 메타세쿼이아로 더 많이 불린다. 담양에 가로수로 제일 먼저 심었다고 한다. 최초로 심었던 나무들은 아주 크게 자라 전국적인 유명세를 타고 있다. 원래 자동차가 다녔으나 지금은 자동차는 다니지 않고 그 옆에 4차선 포장도로로 다닌다. 흙길로 바뀐 메타세쿼이아 길을 많은 관광객들이 찾는다. 담양과 순창을 잇는 24번 국도를 달리면 담양 순창 경계까지 가로수는 메타세쿼이아로 된 것을 볼 수 있다.

담양읍 관방제림을 지나 영산강 교량을 지나면 백양사로 가는 15번 도로가 나타난다. 시원한 4차선 도로를 20~30분 달리면 또 다른 영산강 황룡강이 갇힌 장성호에 갈 수 있다. 장성호에 조금 못 미친 곳에 백양사 입구가 있다. 백양사에서 1.5km 정도 떨어진 곳에 주차장이 있어 주차하니 그 유명한 애기단풍길이 나타난다. 약수천 서너 곳에 보를 만들고, 개천 옆으로 친수공간을 만들어 산책로로서는 일급으로 조성하였다.

사진으로 자주 보았던 쌍계류 앞에 있는 호수도 개울을 막은 보에 갇힌 소이었다. 산골의 물을 친수공간으로 조성한 노력이 돋보였다. 백양사는 내장사보다 규모가 큰 사찰로 보였다. 백양사 뒤의 거대한 바위는 멀리서 보면 흰색으로 보여 산 이름과 어울린다는 느낌이 들었다.

장성호는 평지에 있는 호수로 담양호와 대비되었다. 출렁다리가 있고 트레킹길도 있다. 눈에 띄는 것은 조그만 언덕에 임권택 기념관이 있고, 그 언덕 곳곳에 시비와 그림비석들이 곳곳에 세워져 있는 예술공원이다. 동산 정상에서 바라본 주차장이 너무 넓다. 정차된 차는 내 차와 다른 차 두어 대 정도이다. 이른 봄이 이런데 언제 저 넓은 주차장이 제구실을 할까?

임권택 감독님, 제대로 배우지 않았는데도, 한국의 영화 감독님으로 큰 족적을 남겼다. 청산도 보리밭길에서의 창, 아직도 눈에 선하다. 서편제 이후 한국영화가 외국영화에 뒤지지 않는 자신감을 가지지 않았나? 생각해 본다. 이러한 모든 족적들이 임권택 기념관에 있다.

09 평창강

평창강은 계방산에서 발원한다. 계방산(1,577.4m)은 소백산 국립공원에 속하고 오대산 비로봉(1,563.4m)보다 조금 높다. 월정사와 상원사가 있는 오대산계곡 바깥에 있어서 오대산을 대표하지 못하고 외면받는 산이 되었다.

31번 국도가 운두령을 지나게 되면서 전문 등산객들에게 알려져 조금씩 주목받고 있다. 주로 운두령까지 자동차로 올라가 원점 회귀하는 코스를 택하고 있다.

오대산 계곡의 물들은 오대천으로 흘러 100년 전까지 한강의 원류로 알려져 주목을 받고 있었다. 오대천은 영월 동강으로 흘러간다. 계방산에서 발원한 평창강은 속사천으로 평창군 봉평면에서 흥정천과 합류하여 평창강이 된다. 평창강 최상류는 평창강 용평면 노동리이다. 노동리는 계방산 마지막 마을로 화전민들이 열악한 땅들을 개간하여 겨우 살아가는 화전민 촌이었다.

이곳에 계방분교가 있었다. 당시 계방분교에는 이승복 군이 재학하고 있었다. 1968년 말 울진 삼척지구에 침투한 공비들이 계방산을 넘기 위한 식량을 구하기 위해 이승복 군 집에 침투하여 공산 체제를 선전하였다. 이때 만 9세였던 이승복 군이 "나는 공산당이 싫어요."라고 소리쳤다.

공비들은 잔인하게도 이승복 군의 입을 찢고 부모님과 여섯 살 위 형까지 살해하였다. 형만이 만신창이가 되어 겨우 살아남아 그 참상의 실상을 세상에 전했다. 그 후 계방분교는 이승복 기념관이 되어 공산당의 잔인함을 세상에 전하고 있다.

이후 정부에서는 어려운 재정 상태에도 화전민 정리 사업을 하여 많은 화전민들이 넓은 세상으로 나오게 되었다.

속사천은 평창군 용평면 중앙을 흘러 백옥포리에 이른다. 백옥포리에서 봉평면을 흘러온 흥정천을 만나 평창강 본류가 된다. 흥정천을 따라 424번 도로와 6번 국도를 따라가면 그 유명한 이효석의 고장 봉평면에 이르게 된다. 여기에 전에는 장평나들목이었는데 지금은 평창나들목으로 이름을 바꾼 영동고속도로의 나들목이 있다.

20여 년 전 9월 초 봉평면으로 가는 2차선 도로가 정체되고 있었는데 지금은 4차선 도로로 시원하게 확장되었다.

평창나들목에서 6번 국도를 따라 조금 가면 갑자기 깨끗한 도시가 나온다. 여기가 봉평면 소재지이다. 이런 산골에 이 정도로 깨끗한 시가지가 있다니 새삼 문학의 위대함을 느끼게 한다. 이효석 작가가 봉평시장을 소재로 쓴『메밀꽃 필 무렵』하나로 봉평은 전국적으로 알려졌고 그 유명세가 해가 갈수록 더 한 것 같다.

15~6년 전에 왔을 때와는 완전히 분위기가 달라졌다. 시가지 곳곳에『메밀꽃 필 무렵』에 나오는 구절들이 보인다.
그중 "메밀꽃이 소금을 뿌린 듯이 핀다."라는 표현과 "짐승과 같은 달의 숨소리가 들린다."라는 표현은 봉평 시내 곳곳에 걸려 있다. 메밀꽃이 소금을 뿌린 듯이 피는 시기인 9월에는 많은 관광객들이 이곳에 온다고 한다. 흥정천 주변에 넓은 주차장이 이러한 사실들을 말해 주고 있다. 많은 문학 지망생이 '짐승 같은 달의 숨소리'라는 표현을 보고 좌절감을 느껴 문학을 포기하였다는 말이 있을 정도이다.

주차장에서 흥정천 다리를 건너 조금 더 가면 메밀꽃 필 무렵에 나오는 물방앗간을 재현해 놓았다. 물방앗간에서 이효석 문학관까지 언덕 위 숲속으로 오솔길이 나 있다. 300m 정도 되는 오솔길을 걸어가면 언덕 중턱에 이효석 문학관이 넓게 자리 잡고 있다. 이효석 문학관도 전에 왔을 때보다 확연히 달라졌다.

이효석이 투고한 옛 잡지들과 단행본들, 이효석의 일대기들이 잘 전시되어 있다. 특이한 것은 메밀에 관한 전시실이 큼직하게 있다는 것이다. 그 정도로『메밀꽃 필 무렵』의 영향력이 봉평면에서 크다고 볼 수 있다. 문학관 앞의 들판은 모두 메밀밭이라고 한다.

문학관과 주차장 사이의 상점들의 대부분은 메밀 관련 음식점들이다. 주목할 점은 큼직한 주차장을 갖춘 카페가 곳곳에 있다는 점이다. 그 주차장에는 차들이 제법 주차되어 있었다. 카페 건물들은 큼직하고 분위기 있어 보인다. 도심을 탈출하여『메밀꽃 필 무렵』의 기분들을 느끼고 싶은 인지상정이 발동된 문화적 분위기가 물씬 풍긴다.

평창강은 금당계곡으로 흘러간다. 근 25km에 이를 정도로 긴 협곡이 시작된다. 평창군 남북으로 연결하는 간선도로 31번 국도는 이 협곡을 지나지 않는다. 평창강 본류와 424번 지방도가 나란히 지나는 협곡이 근 60리가 계속되는 계곡이다.

1990년대 중반 도로가 확 포장되고 휘닉스 파크가 개설된 뒤 조금씩 알려져 오지를 좋아하는 동호인들 사이에 인기가 있다고 한다. 특히 4월 말경에 철쭉군락이 평창강변의 바위와 강물과 어울려 절경을 이룬다. 초겨울에 보는 강변의 절벽들과 바위 그리고 평창강이 흐르는 모습을 보며 주행한 추억은 오랫동안 잊히지 않을 것이다.

평창강은 흘러서 평창군 군청 소재지 평창읍 옆을 흐른다. 몇몇 지류를 합친 평창강은 평창읍 근처에서 큰 강의 모습을 보여준다. 평창읍은 평창군 최남단에 있다.

평창 IC에서 근 30km 떨어진 위치에 있어서 시가지가 그다지 크지 않다. 영동고속도로가 지나는 북쪽 지방이 많이 발전하여 소외되는 느낌도 있다. 최근에는 경강선 KTX

철도도 북부 평창 지방을 지나고 있어 더욱 소외되는 기분
이다.

그러나 평창읍 근처의 평창강은 상당히 매력적이다. 평
창읍 북쪽에 보행자 교량을 건설하고 강 옆에 트레킹 데크
를 설치하여 평창강 강물을 바라보며 트레킹할 수 있는 보
행로를 개설하였다. 평창강 강물을 바라보며 걸으니 31번
국도를 지나며 스쳐 지나갔던 평창강의 추억들이 되살아
나는 느낌이다.

젊은 시절부터 은퇴한 현재까지 제법 평창강을 지나갔지
만 이제야 평창강을 제대로 바라보며 지나가니 만감이 교
차한다. 전에는 주로 사촌동생을 만나고 할머니 제사를 모
시려 급하게 스쳐 지나갔던 추억들, 이제는 평창강 강변을
비로소 제대로 보며 걷고 있다. 나보다 한 살 아래인 사촌
동생은 3년 전에 하늘나라로 가고 할머니 제사도 시제로
옮겨지니 이제, 의무적으로 강원도를 지날 일이 없어졌다.
평창강 강물을 언제까지 볼 수 있을까? 모든 것이 귀하게
느껴진다.

평창읍 남쪽의 평창강은 31번 국도와 붙어서 달렸다. 최근 확포장하며 국도와 떨어졌다. 구 도로를 달리며 바라보는 평창강의 풍경은 또 다른 강원도 강물 풍경을 보여준다.

2장.
나의 고장,
너의 마을

01 금강(錦江)과 금산(錦山)

금강은 금산고을 동부를 흐른다. 무주를 지나 금강은 협곡으로 들어가 감입곡류를 한다. 이곳을 적벽강이라 하며 여름에 많은 관광객을 부른다. 금강과 금산의 앞 글자가 같은 비단 금(錦)인 것을 보면 '금강의 이름이 금산 고을에서 유래된 것이 아닌가?' 추측되기도 한다.

금산군은 노령산맥 산간지방에 자리한다. 충남에서 가장 높은 서대산(904m)과 도립공원인 대둔산(878m)은 노령산맥의 주봉이다. 금강은 금산군 남동쪽 모퉁이를 흐르며, 이곳에서 봉황천이 유입한다. 금산의 금강 유역은 협곡이라 좁지만, 금강의 지류인 봉황천 유역에는 넓은 산간분지인 금산분지가 발달되어 있다. 금산분지에는 해발 200m 정도의 구릉지가 널리 분포한다. 금산 읍내 시가지는 해발 150m 내외의 분지 중앙에 위치한다.

금산은 인삼의 고장이다. 산악지방이라 경사진 밭이 많

아 인삼 경작에 유리한 면이 크게 작용한 것으로 판단된다. 해방 당시 한국 인삼의 3분의 2는 개성에서, 3분의 1은 금산에서 생산되었다. 그러나 국토가 분단되자 남한 총 인삼생산량의 95%를 금산이 독점하였다. 그 후 풍기, 강화도, 부여 등이 인삼 경작지대로 등장하고 최근에는 이웃 진안군이 국내 최대 생산지가 되었다. 인삼은 경작 기간이 길고 연작(連作) 제한이 있어 이렇게 되었다고 한다.

그러나 인삼 유통업과 가공업의 중심은 금산이 잡고 있다. 금산읍에는 국제 인삼 약초 연구소, 국제 인삼 유통 센터 등이 들어서 있다. 인삼의 80% 정도가 이곳에서 유통된다고 한다. 금산읍의 2일, 7일, 5일장에도 인삼이 주로 거래되고 설 추석 대목에는 북새통을 이룬다. 인삼 시세도 금산에서 결정된다고 한다.

금산은 지형의 특수성 때문에 군사적 면에서 요충이 되었다. 임진왜란 때 왜군은 호남평야로 진입, 군량의 자급을 꾀하기 위해 금산을 점거, 금강 줄기를 따라 쳐내려오려 했다. 금산군 금성면 의총리의 칠백의총은 임진왜란 때 조헌 선생과 승장 영규 대사가 이끄는 7백 의사가 왜군과

싸우다 전원이 순절, 그 시신을 한무덤에 안장한 곳이다.

현재 칠백의총은 3만 9천여 평의 부지에 76년 9월 7백 의사 순의 탑, 기념관, 광장, 조림지 등을 완공, 성역화되어 있다. 매년 9월 23일(임진년 음력 8월 18일에 해당)에는 칠백의총 관리소 주관으로 7백 의사 추향제가 거행된다.

권율 장군의 관병이 왜군을 크게 무찌르고, 장흥 의병 고경명 부자의 공략 등으로 왜군은 호남 침공을 포기하여, 나라를 지키는 데 결정적으로 기여하였다.

칠백의총 성지는 금산읍 북쪽 언덕 위에 있다. 금성면 의총리에 위치하고 있지만 금산읍에서 멀지 않다. 전라도가 왜군에 점령되지 않은 것은 충무공의 공도 컸지만, 많은 선조님의 희생 덕택이라는 점을 상기할 기회를 가질 수 있다.

왜군이 호남으로 남하하는 데 장애가 된 것은 금산분지와 전라북도 무주분지 사이가 협곡을 이루고 있는 점도 일정 부분 기여하였을 것이다. 강이 협곡을 만나면 왕래는 힘들지만, 절경을 이루게 되어 있다. 5만분의 1 지도를 보

며 이곳으로 가보고 싶다는 열망을 지니고 살았다. 어느
해 가을 영동 영국사 시화전을 보기 위해 금산을 방문하기
로 결심하였다.

남해고속도로 의령 군북 나들목으로 나와 20번 국도로
주행하였다. 산청 원지에서 3번 국도로 갈아타고 달렸다.
하늘에는 낙조가 타고 있었다. 도로변에는 구절초 등 가을
꽃이 피어 있는 등 최고의 가을 여행이었다. 이러한 즐거
움은 고속도로에서는 맛보기 힘들다. 남해고속도로는 진
주까지 남하하였다가 다시 올라오기 때문에 시간상으로도
크게 손해 보지 않는 코스이다.

경호강변 생초면 소재지에 오니 어둑어둑하였다. 이제부
터 가을풍경을 볼 수 없다. 생초 민물매운탕 단지를 그냥
지나칠 수가 없었다. 어릴 때 고향 양산천 민물매운탕을
먹던 생각이 나서 더욱 그렇다. 매운탕으로 저녁을 먹고
캄캄한 길을 나서 생초 나들목으로 들어갔다. 1시간 정도
주행하니 금산 나들목이다. 참으로 편리해진 세상이다. 경
상남도에서 충청남도까지 한 시간 남짓에 도착하다니 옛
날에는 꿈도 꾸지 못할 일이다.

다음 날 새벽에 둘러본 금산읍 시가지는 온통 인삼으로 시작해서 인삼으로 끝난다고 해도 과언이 아닐 지경이었다. 금산군 인구의 60% 이상이 금산읍에 산다고 하니 새삼 서비스업의 위대함을 느낄 수 있었다. 이날이 금산 5일장인지 인삼들이 많이 쌓여 있는 모습들을 볼 수 있었다.

금산과 영동을 잇는 68번 국도를 타고 제원면 천내리에 이르니 금강을 만날 수 있었다.

호수 같은 금강, 주위의 기암괴석과 수목들이 거울처럼 물에 비치는 모습을 보여주었다. 68번 국도가 금강을 건너는 제원대교에는 인삼을 들고 엄지를 치켜세운 황금빛 물고기 상이 있다. 이 근처 천내리, 용화리 일대는 식당 밀집 지역인데 인삼어죽 마을로 널리 알려져 있다.

인삼어죽은 단백질과 칼슘 등 다양한 영양소가 함유된 고단백 저칼로리 식품이다. 인삼까지 넣어 몸을 더 건강하게 해주는 음식이다. 어죽은 생선을 뼈째 우린 국물로 만들어 예로부터 노약자와 산모가 원기를 회복하기 위해 먹었다고 한다. 어죽에 금산 특산물인 인삼을 넣어, 금산 인삼의 브랜드 가치와 결부되어 전국적으로 알려져 있다. 6년

근 이상의 인삼은 땅의 입장으로 보아 너무 부담이 크다. 수확하고 나서 2년 동안 휴지기간까지 두어야 한다니, 수확 한 번 하려면 근 10년이 걸린다. 최근에는 2~3년근 인삼이 금산에서 주로 재배된다고 한다. 인삼을 넣어 컬래버 음식을 만들려는 노력이 일어나고 있는 것이다.

　68번 국도를 타고 조금 더 가면 영동군 양산면에 이른다. 금강 풍경을 즐기다가 다리를 건너 501번 지방도로 달리면 영국사 진입로 표지판을 볼 수 있다. 영국사는 양산(陽山)팔경의 제1경이다. 오래된 은행나무가 유명하다. 마침, 시 전시회가 열리고 있었다. 맑은 가을 하늘과 은행나무 단풍, 나뭇가지에 걸린 시들이 나의 마음을 풍요하게 만들었다.

02 내포 신도시

　충청남도의 도청은 내포 신도시에 있다. 충청남도의 도청은 대전에 있었으나 대전이 광역시로 독립하였다. 일제 강점기에 공주에 있던 도청이 대전이 교통의 요지로 발전하자 대전으로 이전하였다. 대전이 경부선과 호남선 분기점으로 계속 발전하여 광역시로 독립하여 충청남도는 남의 행정구역에 존재하게 되었다. 이러한 처지에 놓였던 도는 네 곳이었다. 여섯 곳의 광역시가 독립하였으나 인천과 울산이 도청소재지로 성장한 곳이 아니라서 네 곳이 도청을 이전하게 된 것이다.

　충청남도를 제외한 세 곳은 기존 대도시 인근으로 이전하여 그 도시의 기존 인프라를 이용할 수 있었다. 경상북도는 안동, 경상남도는 마산, 전라남도는 목포와 인접한 곳에 도청을 이전하였다. 이 도시들은 교육대학이 설립되어 운영되다가 폐지되어 영세한 단과대학으로 명맥만 유지하고 있던 중, 노태우 대통령이 종합대학으로 승격시켰다. 이 정책은 우리나라 초저출산의 하나의 원인을 제공하였다. 조그만 교육대학 규모의 일반대학이 거대한 종합대학으로 성장하여, 자녀를 출산하면 무조건 대학 진학하여야 한다는 원칙을 만드는 데 일조하였다.

충청남도는 도청 이전 후보지 신청을 받았는데, 서남쪽 끝에 있는 서천군과 반도와 섬으로 이루어진 태안군 빼고 모두 신청하였다.

충청남도에서 가장 큰 도시는 천안시이다. 천안시는 불행하게도 경기도와 접한 최북단에 위치하고 있다. 객관적으로 보아 전 도청소재지였던 공주시가 가장 유리한 입지였다. 충청남도 중심에 있고 국립 종합대학도 있다. 더욱이 충청남도 어디에도 쉽게 접근 가능한 고속도로망을 가지고 있기 때문이다. 그러나 공주시는 대전광역시와 세종특별자치시와 인접하여 도청소재지가 되어도 남 좋은 일이 될 것 같아, 정해지지 않은 것으로 판단된다.

고심 끝에 충청남도는 2006년 내포 신도시로 이전하기로 확정하였다. 사업기간은 2007년에 시작하여 2020년에

끝내기로 계획하였다. 300만 평에 10만 명이 사는 신도시
로 계획하였다. 계획 인구는 2020년에 10만 명을 목표로
하였다. 그 위치에 사는 인구는 원래 500명이 조금 넘었다
고 한다. 홍성군 홍북면과 예산군 삽교읍에 걸쳐 있는 지
역으로 이루어져 있다. 다른 지역의 반대여론을 줄이기 위
해 두 군에 걸쳐 신도시를 조성한 것이다.

이러한 일은 전라남도와 경상북도도 마찬가지다. 전라남
도청은 무안군 삼향읍 남악지구에 있다. 남악지구는 목포
시 옥암동 시가지와 연결된 한 도시와 마찬가지이다.

영산강 하구둑과 인접한 영산호반에 있다. 경북도청 신
도시는 안동시 풍천면과 예천군 호명면에 걸쳐 있다. 도청
은 안동시 풍천면에 있다. 안동 시내와 거리가 있으나 출
퇴근이 가능한 거리이다. 경북도청 신도시는 낙동강과 가
깝다. 안동하회마을과 유명한 병산서원이 근처에 있다. 병
산서원 앞의 모래사장과 유유히 흐르는 낙동강 건너편의
병산의 모습이 눈에 선하다.

2009년 6월 16일 기공식을 가졌고, 2010년 8월 내포 신

도시로 명칭을 확정하였다.

　도청은 2012년 12월 이전 완료하였다. 도청의 위치는 홍성군과 예산군 경계부에 있으나 홍성군 홍북면에 위치하였다. 홍북면은 도청 이전으로 늘어난 인구로 홍북읍이 되었다. 도청 청사는 조그만 야산 형태로 독특한 건물이다. 건물 남쪽 면을 비스듬하게 지어서 잔디와 조그만 숲으로 이루어져 있다. 도청 남쪽에 조성된 도청사공원에서 보면 야산으로 보이게 되어 있다.

　도청은 홍성군에 있으나 충남경찰청은 삽교읍에 고층건물로 우뚝 서 있는 모습을 볼 수 있다. 그 밖에 충남 교육청 등 대부분의 도 단위 기관들이 옮겨졌으나 아직도 내포신도시는 한산하여 신도시가 아니라 빈 도시라 불리기도 한다. 2020년 10만을 계획했으나 2만 8천 정도로 3분의 1 정도였다고 한다. 2022년 3만 정도라고 하니 계획과 거리가 멀다.

　계획 초기에는 대학도 유치하고 종합병원도 설립하는 등 계획은 거창하였으나 모두가 이루어지지 않고 있다. 당시에 초저출산과 고령화 현상은 고려하지 못한 것으로 보인다. 충남의 이름을 가지고 있는 대전의 충남대학교의 일부를 내포 신도시로 이전하려고 시도하였으나 구성원들이 이전을 극렬 반대하여 좌절되었다고 한다.

지난 8월 초 아주 더운 날 내포 신도시를 방문하였다. 영덕-당진 고속도로 예산-수덕사 나들목을 나와 내포 신도시로 연결되는 충남대로로 주행하면 내포 신도시 중심부까지 10분이 걸리지 않았다. 삽교천 교량을 건너니 내포 신도시로 접근이 가능하였다. 도 단위 기관들이 우뚝우뚝 서 있으나 다른 편의 시설들이 눈에 띄지 않아 이상하였다. 신축 아파트가 곳곳에 우뚝우뚝 서 있으나 식당 등 상점들이 보이지 않았다. 점심시간이라 식당을 찾아 한참을 헤매었다. 도청 남쪽 도청공원 맞은편에 상가가 조금 형성되어 있었다.

상점가 1층은 조금 차 있었으나 빈 상가가 많았다. 내가 들어간 식당은 손님이 나밖에 없었다. 젊은 부부가 운영하는 조그만 식당, "커피가 없느냐?" 물으니 남편이 즉각 믹스 커피를 사 가지고 온다. 앞으로 도청사 공원을 뉴욕 센트럴 공원처럼 꾸민다고 하니, 식당 부부의 앞날이 밝아졌으면 좋겠다.

내포 신도시 인근에 덕산 온천과 덕숭산 수덕사가 있다. 덕산 온천은 100년의 역사를 가지고 있으나, 쇠퇴를 거듭하였다. 온천에 사람이 모이니 전국 곳곳에 온천이 난립하여 많은 온천단지가 고생하고 있다. 몇몇 호텔들이 들어서 있으나 드나드는 사람들은 보기 힘들다. 내포 신도시에 기대를 걸고 있으나, 신도시 추진이 지지부진하여 큰 기대를 걸기 힘든 실정이다.

덕숭산 수덕사는 예산군 덕산면 덕숭산 남쪽 사면에 있다. 부석사와 비슷하게 산비탈에 절 건물들이 들어서 있다. 계단 길도 있으나 그 옆으로 노약자를 위한 언덕길도 있다. 위쪽에 크고 훌륭한 건물이 있어 지나가는 스님에게 "이 건물이 대웅전이냐?"라고 물으니 뒤 건물이 대웅전이라고 한다. 앞 건물보다 훨씬 간소하다. 이 건물이 기록이 있는 건물 중 가장 오래된 건물로 고려 충렬왕 34년(1308년)에 건립되었다는 기록이 나왔다. 1962년 국보 제49호로 지정되었다. 일생에 한 번은 가보아야 할 사찰이라고 생각한다.

03 녹동항과 거금도

녹동항은 고흥군에 있는 항구이다. 고흥군은 고흥반도 이외에 거금도를 비롯해 122개의 섬을 거느리고 있다. 우리나라 반도 중에서 큰 편에 속하는 고흥반도는 북쪽의 좁은 곳의 폭이 2km 정도로 잘록하다. 남쪽에서는 30km 정도로 넓어져 모양이 주머니와 흡사한 반도이다. 녹동항은 고흥반도 서남단에 위치한 도양읍에 있는 항구이다. 도양읍은 군청 소재지인 고흥보다 먼저 읍이 되었다.

녹동항 남쪽에 거금도가 넓게 자리 잡고 있고 서쪽에 소록도가 파도를 막고 있는 천혜의 양항이다. 대양의 큰 파도를 거금도가 막고 있는 모양새이다. 녹동항은 큰 어항으로서 활어와 김 중심의 수산물 거래가 활발하고, 바다 낚시꾼이 많이 이용하는 항구이다. 이러한 어항은 서쪽에 위치한 구항에서 이루어진다. 구항 바로 앞에는 소록도가 손에 잡힐 듯 가깝다.

녹동 신항은 구항 동쪽에 있다. 신항은 연안 여객선 전용 항구이다. 6월 초인데도 부두 뒤에 있는 넓은 주차장이 텅 비어 있다. 아무리 코로나로 뒤숭숭하다 해도 너무 심하다. 6월, 바야흐로 바다의 계절이다. 작열하는 태양에 반짝이는 바다를 바라보는 즐거움, 세월은 이 순간에도 쉴 새 없이 흘러간다.

녹동항에는 거문도로 가는 배가 많다. 거문도까지 한 시간이면 간다고 게시되어 있다. 거문도 하면 여수에서 가는 것으로 알려져 있었다. 고흥반도가 남쪽으로 훨씬 내려와 있고 서쪽에 있으니, 거리가 반밖에 안 된다. 새벽에 출발하면 거문도에 오전 일찍 도착하여 하루를 즐기고 돌아올 수 있다. 이러한 사실을 모르고 이때까지 살아온 사실이 너무 후회된다. 녹동항에서 제주 성산포까지 3시간 반 만에 간다고 한다. 자동차도 운반한다고 하니, 자기 차로 제주 여행을 하는 사람들에게는 고마운 선편이다. 특히 캠핑족 등 짐이 많은 여행객들에게는 복음이 아닐 수 없다. 부두 뒤에는 이들이 숙박할 수 있는 숙박시설들이 많이 있다.

녹동항까지 접근성은 최근 많이 좋아졌다. 전에는 벌교

에서 27번 국도를 탔으나 지금은 남해고속도로 고흥 IC에서 27번 국도로 내려오면 된다. 27번 국도는 자동차 전용도로로 거의 고속도로 수준이다. 교차로가 전부 입체식이라 신호대기는 걱정하지 않아도 된다. 녹동항에서 아침 일찍 출발하려면 그 전날은 고흥 서해안을 관광할 일이다. 거문도와 제주도에 갈 기회가 있으면, 27번 국도로 바로 가지 말고 오후 한나절을 고흥 서해안과 득량만 낙조를 즐기고 고흥만 간척지 관광을 추천하고 싶다.

고흥만 방조제는 2,873m이다. 시간과 날씨를 잘 맞추어 낙조를 바라보며 주행하면 고흥에 온 보람을 만끽할 수 있다. 고흥만 간척공사는 1991년부터 시작하여 2006년 말 개답공사를 완료하였다고 한다. 최근 쌀값 하락으로 내륙 평야부는 시설농업으로 많이 바뀌어 연속된 황금들판을 보기 힘들어졌다. 9월 말에 오면 드넓은 황금벌판을 제대로 볼 수 있는 기회를 가질 수 있다. 방조제 끝에는 조그만 해수욕장과 공원도 있고 주차장도 있다. 여름 휴가철 말고는 주차장이 텅 비어 있는 실정이라 문제가 아닐 수 없다.

거금도는 우리나라 열 번째 크기의 섬이다. 부산 구항을 있게 한 영도보다 네 배, 부산 신항의 방파제 역할을 하는 가덕도의 세 배에 해당하는 면적을 가지고 있다. 거금도 전체가 고흥군 금산면으로 이루어져 있다. 전에는 녹동항에서 거금도까지 오려면 배로 30분 정도 걸릴 정도로 외딴 섬 지역이었다. 2011년 말 거금대교가 건설되어 5분 만에 도달할 수 있는 연륙 섬이 되었다.

거금대교는 10년에 걸쳐 건설된 교량으로 2층은 차량용, 1층은 인도 및 자전거용으로 건설된 우리나라 최초의 다리라고 한다. 여행자는 다리를 건너자마자 나타나는 휴게소에 주차하고 1층 인도교로 트레킹할 수 있다. 동쪽으로 보면 녹동항과 거금도를 볼 수 있고 서쪽으로 보면 바다 건너 장흥군 남부가 보인다. 높디높은 다리 위에서 바라보는 바다 풍경을, 그리고 근처에 있는 작은 섬의 풍경들. 자전거와 사람만을 위해 교량 한 층을 더 만들 수 있을 정도로 우리나라의 국력이 높아졌나? 격세지감을 느낀다. 초등학교 시절 비가 많이 오면 물이 불어 귀가하지 못한다고 일찍 마쳤던 추억이 생생하다.

거금도는 서부에 평평하게 농지가 펼쳐져 있고 동부에

산이 많은 지형을 가지고 있다. 몇 년 전 3월 초에 왔을 때 마늘과 양파가 무성하게 자라고 있었는데 이번 6월 초에 가니 완전히 수확하여 빈 땅이 되어 있었다. 다른 곳보다 한 달 정도 조기 수확하여 수지를 맞추는 것으로 추측된다.

금산면 소재지도 서쪽에 위치한 대흥리에 있다. 대흥리 거리 남쪽 끝부분에 김일 기념 체육관이 우뚝하게 들어서 있다. 김일 선수는 60~70년대 우리나라가 어려울 때 프로 레슬러로서 우리 국민의 가슴을 시원하게 해준 선수이다. 김일 선수가 고흥군 금산면 출신으로, 청년 시절 일본으로 밀항하여 당시 일본의 유명 레슬러 역도산 문하에 들어갔다고 한다. 박치기 한 방으로 모든 것이 부족했던 국민의 마음을 위로했던 김일 선수. 그런데 기념 체육관에는 나 이외에 아무도 없다. 여수MBC에서 제작한 김일 선수 일대기가 혼자서 계속 돌아가고 있다. 김일 선수를 기억하는 사람들이 많이 없어서 그런가? 아니면 몰라서 못 오는가? 판단이 되지 않는다.

김일 선수는 박치기 연습을 위해 처음에는 샌드백, 다음에는 목재, 다음에는 콘크리트 식으로 연습했다고 전시되어 있다. 박치기 한 방으로 국민의 마음을 시원하게 해준 것까지는 좋은데 김일 선수 본인에게는 불행이었다. 박치기 후유증으로 1987년부터 병마에 시달리는 생활을 하였다고 한다. 1994년부터 영구 귀국, 을지병원에서 투병 생활을 하던 중 76세가 되던 2006년에 영면하였다고 한다. 본인으로 보아서는 불행한 노후를 보내었다고 하니 가슴이 짠했다.

대흥리를 지나 27번 국도를 주행하면 거금도 남부 해안을 만난다. 6월 태양에 반짝이는 다도해 풍경, 나 혼자 보기 너무 아깝다. 아련히 보이는 작은 섬들, 그리고 멀리 보이는 큰 섬들, 다도해의 진면목을 보는 느낌이 이런 것인가? 이렇게 시간은 흐르고 나도 늙어가지만, 김일 선수 말년을 생각하면, 27번 국도 최남단을 주행하고 있는 나 자신이 조그만 행복은 누리고 있다고 느낀다.

04 논개의 고장

　전주의 동쪽에 진안고원이 있다. 낮은 산들과 여러 방향의 골짜기가 있지만 산들이 상대적으로 그다지 높지 않아 고원으로 알려져 있다. 우리나라에서 가장 넓은 호남평야가 서쪽에 있으니, 대조가 되어 고원으로 인정받는 것이다. 호남평야는 큰 강에 의해 생긴 충적평야가 아니고 처음부터 평야가 된 구조평야(構造平野)이다. 진안고원의 물에 의해 관개가 되니 다행스러운 일이 아닐 수 없다.

　진안고원에 무주, 진안, 장수 세 개의 고을이 있다. 세상 사람들은 이 지역을 '무진장'이라 부른다. 북류(北流)하는 금강과 남류(南流)하는 섬진강의 원류가 되는 고원이기도 하다. 섬진강은 서남쪽의 일부만 차지하고 대부분은 금강 상류를 이루고 있다.

　금강의 최상류를 이루고 있는 곳이 장수군이다. 무진장 지방에서 가장 높은 곳을 차지하고 있는데도 불구하고, 장수군만 전국적으로 알려진 명산이 없다. 무주군은 덕유산 국립공원이 있고, 진안은 마이산 도립공원에 봄가을 관광객으로 붐빈다.

진안은 최근에 건설된 용담댐으로 많은 여행객을 불러 모은다. 장수군에서 장안산(1,237m)을 군립고원으로 꾸며 놓았으나 별로 알려지지 않았다. 여름 휴가철에 갔으나 850고지에 있는 넓은 주차장이 텅 비어 있었다.

장수군은 장계현과 장수현이 합쳐진 고을이다. 장수군 군청 소재지가 있는 장수분지와 장수분지와 비슷한 면적을 가진 장계분지가 주축을 이루고 있는 고을이다. 금강은 장수분지 남쪽 끝에 있는 수분령 근처에 있는 뜬봉샘에서 시작한다. 뜬봉샘 밑에는 수분마을이 있고 금강원류 기념관이 있다. 여름 휴가철인데도 넓은 주차장이 텅 비어 있었다. 기념관에는 수자원에 관련된 내용과 우리나라 4대강에 관한 내용들이 설명되어 있다.

장계분지에 흐르는 장계천은 전북과 경남의 경계를 이루는 백두대간 서쪽 사면의 물을 모아 흐른다. 743번 도로가 장계천을 따라서 달린다. 고목이 다 되어가는 벚나무들이 줄지어 서 있다. 운치 있는 길을 따라 달리다 보면 제법 큰 저수지를 만난다. 대곡 저수지이다. 이 저수지에 논개의 생가가 수몰되었다고 한다. 조금 더 올라가면 '의암 논가 생가지'라고 아주 넓게 조성되어 있다. 원래 생가지가 수몰되어 남쪽에 조금 떨어진 곳에 세웠다고 설명되어 있다. 연못도 있고 생가도 복원되어 있다. 전두환 대통령의 특별 하사금으로 세워졌다고 한다.

아주 넓은 기념관 주차장에는 두서너 대만 주차되어 있다. 논개의 성은 주 씨로 어린 나이에 고아가 되어 장수현 감 최경회의 부실이 되었다고 한다. 최경회가 경상 병마 절도사가 되어 진주성 2차전에서 사망하자 기생으로 변신하여 일본 장군 게야무라 로쿠스케를 껴안고 남강에 투신, 자살하였다고 한다.

일본 장군이 수장되자 일본군이 용기를 잃어 전라도로 진군하는 것을 포기하였다고 전해진다. 나라를 구한 투신 인 것이다. 논개가 장수 출신임을 입증하는 문헌들이 전시 되어 있다. 주논개가 장수의 자랑임을 곳곳에 표시하고 있

다. 그러나 여기에서 그치지 않는다. 이곳보다 더 큰 사당
인 의암사(논개사당)를 장수읍에 세웠다.

그 규모는 의암 주논개 생가지보다 조금 더 크다. 사당
앞의 저수지에 트랙과 다리를 설치하여 군민들이 트레킹
을 즐길 수 있게 하였다. 건너편에는 공설운동장과 장수
문화회관, 도서관 등을 건립하여 장수군민의 문화생활을
향유할 수 있도록 하였다. 주논개의 생일인 음력 9월 3일
을 장수군민의 날로 정해 행사를 갖는다고 한다. 이 주위
를 의암공원이라고 한다.

주위 언덕에 있는 누각을 '의암루', 장수군청 앞에 있는
소나무를 '의암송', 그리고 장수읍 중앙로를 '의암로'로 하
였다. 여기에 더하여 의암 논개 생가지와 의암사를 연결하
는 도로를 터널 두 개를 뚫어 연결해 놓았다. 그런데 그 넓
은 주차장들은 휴가철인데도 비어 있다.

"아, 강낭콩 꽃보다 더 푸른
그 물결 위에
양귀비꽃보다 더 붉고 더 붉은
그 마음 흘러라"

변영로 시인의 시비가 몇 군데나 있다. 시구 중에서 위의 구절이 마음에 남았다. 그렇다고 인구 2만 3천이 안 되는 고을에서 넓디넓은 사당을 2개나 세우는 것은 조금 심했다. 금강 상류를 따라 13번 국도가 달린다. 그곳에 절경이 몇 군데나 있는데 트레킹 코스가 거의 조성되어 있지 않다. 안타까운 일이다. 힘차게 흘러가는 이 물들이 용담호에 담겼다가 김제 만경평야의 논을 적시고 장수고을에는 거의 기여하지 못하는 사실이 더욱 안타깝다.

05 대가야읍

　어둠을 뚫고 둑 위를 달린다. 지도에서만 보았던 회천은 어둠으로 보이지 않는다. 30분쯤 뛰어가니 냇물이 보인다. 강물의 규모가 너무 작다. 지도를 보며 상상하던 회천과 차이가 너무 크다. 돌아서 뛰었다. 잠깐 뛰니 맞은편 제방이 저 멀리 아침 안개에 싸여 멀게 보인다. 회천이다. 지도에서만 보던 회천인 것이다. 상기된 기분으로 생애 처음 회천변을 뛰다 보니 예쁜 보행 전용 다리가 보인다. 건너편에는 큰 운동장을 잘 꾸며 놓았다. 보행교를 지나 운동장에서 몇 바퀴 뛴다. Second wind가 와서 기분이 상쾌해진다. 징검다리를 건너며 물안개가 피어오르는 회천, 가까이서 바라보니 생기가 절로 나오는 것 같다.

　고령은 가야의 고장이다. 군청 소재지인 고령읍을 최근에 대가야읍으로 바꾸었다. 회천은 대가천(大伽川), 소가천(小伽川), 해인사 계곡을 흐르는 가야천(伽倻川)이 흘러서 되는 안림천이 대가야읍에서 만난다. 그 하천이 만드는 골짜기들도 대가야읍에서 만나는 셈이다. 회천의 본류는 가야 산맥 북쪽 산록의 물을 모아 성주호에 고였다가 흘러온다. 그래서 그 이름도 대가천(大伽川)이다. 대가천은 가야산과 높이가 거의 같은 단지봉에서 발원한다. 가야산맥은 가야 산, 단지봉, 수도산 등 1,300m가 넘는 산을 거느리고 대 덕산에서 백두대간과 합류한다.

소가천(小伽川)은 가야산 동쪽 산록 백운대 지구 물을 받 아서 흘러온다. 가야산맥은 가야산 상왕봉에서 가장 높게 (1,430m) 솟았다가 급격하게 낮아진다. 소가천 골짜기(덕곡면) 로 들어오면 가야산 동쪽 사면을 바라보는 즐거움을 맛볼 수 있다. 벚꽃나무 터널 사이로 바라보이는 백운대 지구는 가야산 등산의 중요한 코스이다. 더욱이 대도시 대구와 가 깝고 도로 사정도 좋아 봄부터 가을까지 등산객이 많다고 한다.

가야산 하면 해인사이다. 해인사가 있는 계곡을 흘러내 린 물은 홍류동 계곡이 된다. 홍류동 계곡은 우리나라 3대 계곡으로 불린다. 최근에 가야산 소리길이라 하여 트레킹 길로 잘 정비해 놓았다. 송림과 기암괴석, 그리고 계곡 물소리, 솔바람 소리가 서로 어울려 속세를 떠난 기분을 만 끽할 수 있다. 이 계곡의 하천이 가야천이다. 행정구역도 합천군 가야면이다. 가야천은 합천군 묘산면의 물을 모은 묘산천과 합쳐져 안림천이 된다. 안림천은 가야산맥 남쪽 산록의 물을 모은 물들이 흘러온다고 볼 수 있다. 회천은 가야산맥의 남·북·동쪽 산록의 물이 모여서, 대가야읍에 서 모인다. 그 물들이 흐르는 골짜기에서 생산된 산물들도 모인다고 볼 수 있다.

고령은 경주와 비교된다. 경주의 형산강 본류는 경주 시 내에서 서천, 남천, 북천이 모여서 넓은 경주분지를 이룬 다. 이 넓은 분지와 지류를 이루는 골짜기, 하류에 있는 안 강평야 등이 신라 초기 12촌을 이루었다. 넓은 고령분지, 지류에 있는 넓은 계곡이 대가야의 경제적 기반을 이루게 한 것으로 판단된다.

대가야 박물관에는 다른 박물관에서 보기 힘든 철의 유 물이 많다. 덩이쇠(인꽃), 철을 녹이는 제련로의 각종 유물 이 전시되어 있다. 철기문화는 현재까지 계속되고 있다. 그 정도로 내구성 좋다. 넓은 들과 내구성이 좋은 농기구는 대가야의 경쟁력을 높였다. 가야의 맹주였던 금관가야보다 오래 유지되는 데 철기문화가 크게 기여한 것으로 추측된다.

인접한 합천군에 야로(冶爐)면이 있다. 모듬천의 가장 큰 지류인 안심천 중류에 있다. 금속을 녹여서 처리하는 일을 야금(冶金)이라고 한다. 지명에 일반적으로 접하기 어려운 철 관련 전문용어가 쓰인 것을 보면 철 산업이 안심천 중류를 중심으로 성했던 것으로 판단된다. 조금 두꺼운 판 형태인 덩이쇠는 대가야의 중요 교역품이었고 화폐로도 사용되었다고 한다. 그런데 지금은 흔적도 없고 대가야 박물관에 전시된 유물들이 이러한 사실들을 증언하고 있다.

철기문화와 회천, 그 지류들에 의한 생산력은 강력한 세력을 형성하였다. 그 흔적은 대가야읍 바로 옆의 주산에 있는 700여 기의 고분들이 말해 준다. 대가야인들은 저승과 이승을 큰 차이가 없는 것으로 생각한 것 같다. 무덤을 멀리 두지 않고 삶 바로 옆, 주산에 마치 마을을 이루듯 모신 것으로 추측된다. 후손들이 고분군들을 돌아볼 수 있도록 잘 정비하여 놓았다.

  1500년 전의 큼직한 고분들을 보면 대가야 지배세력이 강력했음을 짐작할 수 있다. 더욱 이러한 사실을 확인할 수 있는 것은 고분 전시관이다. 대표적인 고분을 발굴하여 대가야 박물관 인접한 곳에 재현해 놓았다. 인상적인 것은 20여 순장 터이다. 어린 처녀부터 어른까지 사정없이 순장할 수 있는 강력한 세력이 있었던 증거이다. 각종 부장품은 고분군에 인접해 있는 대가야 박물관에서 확인할 수 있다. 수많은 석기시대 유물부터 덩이철 유물까지 대가야가 고령에서 번성하였음을 여실히 보여준다.

  철의 물기운이 온몸을 흠뻑 적신다. 안개에 묻혀버린 대가야의 가쁜 호흡을 내쉬며 대가야읍으로 들어온다. 사람들이 꽤 붐빈다. 고령 5일장이다. 대가야의 세력을 이룬 회천의 위력인가? 5일장의 모습은 현재보다는 과거의 모습에 더 가깝게 느껴진다. 새벽안개에 젖어 나는 잠시 대가야, 그 위대한 철의 나라의 갑옷을 입은 듯 또 다른 현재의 내 모습을 본다. 흐르는 땀방울에서 강철의 내음이 난다.

06 배내골의 추억

　배내 사람들이 왔다. 산을 넘어 장을 보러 와서 밤을 새워 넘어간다는 얘기를 어렸을 때 들어왔다. 영취산에서 시작한 산군들이 어린 눈에 아득한데 그 산들을 넘어 석계장, 신평장에 온다는 '배내 사람들'은 마치 외계인들처럼 느껴졌다.

　어릴 때 바라보았던 영취산은 3, 4월까지 눈을 이고 있는 높고도 높은 산이었다. 저 산을 언젠가는 넘고야 말겠다는 꿈을 지니고 자랐다. 배내 사람들이 왜 저 높은 산들을 넘어야 하는지 알고 싶었다. 그러나 그 이유를 속 시원히 말해 주는 사람은 없었다. 그럴수록 궁금증은 더욱 커져갔다.

　세월이 흘러 등산 취미와 조깅하는 취미를 갖게 되었다. 절친한 교수와 함께 주말 등산을 자주 가게 되었다. 영취산에 올라서 바라보니 배내골이 아득하게 보이는 것이었다. 영취산을 오르는 소원은 이루었지만 배내 사람들이 산을 넘었던 이유를 알아내지는 못하였다.

80년대 초반 드디어 배내 트레킹을 결행하였다. 4월 초 파일로 기억한다. 구포역에서 완행열차를 타고 원동역에 하차하니 중형버스가 기다리고 있었다. 그런데 이 버스는 배내까지 가지 않고 원동골짜기 끝 가까이 있는 영포리까지 가는 버스였다. 배내와 원동골짜기 사이에 있는 배태고개를 걸어서 올라갔다. 고개는 그다지 높지 않았다. 고개 정상 표지석이 있었다. 배내와 원동 사이의 도로는 5·16 이후 70년대 초반에 개설되었다는 내용이었다.

의문의 일부는 풀렸다. 70년대 이후 배내 사람들이 산을 넘을 이유가 없어진 것이다. 개설된 도로를 운행하는 중형버스를 타고 원동역까지 가서 열차를 타고 구포장에 간 것이다. 원동면에는 장이 서지 않았다.

고개를 넘어 드디어 배내골로 들어갔다. 배내골 마을들은 내 고향 석계마을들과 큰 차이는 없었다. 배내골 남쪽 끝 마을인 고점마을에 들어섰다. 배내천은 아주 맑았다.

당시 양산천은 막 시작한 양계와 양돈 열풍으로 몸살을 앓던 시절이었다. 맑은 배내천은 협곡으로 들어가고 있었다. 오솔길도 없다고 하였다. 이번 트레킹은 간월고개를 넘어가는 것으로 하였기 때문에 다음 기회로 미루었다.

5만분의 1 지도를 보니 협곡이 5km 정도 되는 것으로 표시되어 있었다. '협곡 5km', 가슴이 뛰었다. 강의 경치는 협곡이 가장 아름답다. 70년대 중반 영월과 단양 사이의 협곡을 갔던 기억이 떠올랐다. 고씨동굴에서 도담삼봉까지 일박이일 트레킹이었다. 북벽과 온달산성, 강을 따라가는 고된 여정이었다. 단양군 가곡면 향산리 근처를 가니 이미 어두워 '출렁이는 남한강이 달빛에 어리는 풍경'을 잊을 수 없었다. 영월과 단양 사이가 남한강 최고의 협곡 구간인 것이다.

5만분의 1 지도에서 확인한 '배내골 5km 협곡'에 가고 싶은 욕망이 꿈틀거렸다. 젊은 교수 시절의 바쁜 일정으로 기회가 생기지 않았다. 여름방학 끝 무렵 무척 더운 날, 연구실에 출근하였다. 연구실에 둔 운동화에 시선이 갔다. 조금도 망설이지 않고 운동화를 신었다. 시외버스로 양산

터미널로 가서 용선행 버스를 탔다. 현재 에덴 밸리가 조성된 고개를 도보로 넘어 고점마을까지 천천히 뛰어갔다. 뒷날 그 길이 자동차 왕래가 빈번한 도로로 바뀌어 귀중한 조깅 코스 하나를 잃은 셈이 되었다.

고점마을에서 점심을 먹고 배내골 남쪽 끝과 밀양군 단장면 고례리를 연결하는 협곡 트레킹을 시작하였다. 산과 산 사이를 흐르는 협곡이라 강 주위에는 논, 밭 마을이 없었다. 오솔길도 없었다. 조금 내려가니 제법 큰 바위가 강 복판에 있었다. 산에 있는 바위와 달리 흰 바위였다. 주기적으로 오는 큰비에 이끼가 자랄 수 없었던 것으로 판단되었다. 협곡이 아니면 불가능한 일이다.

여름이 끝나지 않았는데도 배내천 하류에는 아무도 없었다. 새소리, 물소리만 들리는 적막강산을 홀로 걷는 기분, 이 맛으로 단독 트레킹을 하는 것이다. 조금 더 내려갔다. 주위의 경치가 점점 더 좋아지는 것이었다. 기암괴석과 강물이 어울리는 풍경이 제법 이어지는 것이었다. 뒤에 알았지만, 농암대라 하여 점필재 선생께서 "조물주도 시기할 경치"라고 하셨다고 한다. 나도 같은 느낌이었다.

90년대 후반 배내골 5km 협곡은 밀양댐으로 수몰되고 말았다. 그 수려하던 풍경들은 밀양과 양산의 식수를 위해 사라져 버린 것이다. 그때 망설이던 마음에 졌다면 '배내골의 추억'은 없었을 것이다. 추억은 단순히 추억으로 끝나지 않는다. 협곡을 걸으며 길러진 호연지기는 지금도 작동하고 있을 것이다.

07 설악산에 걸린 흰 구름

    사촌동생과 나는 한 살 차이다. 할머니께서 나와 사촌동생을 유별나게 사랑하셨다. 할머니께서는 아들 형제를 두셨는데 사촌동생은 백부의 유일한 아들이다. 큰아들의 유일한 아들과 작은아들의 차남인 나를 편애하신 셈이다. 형님과 어린 동생 사이에 구박받던 나에 대한 측은지심, 큰아들의 유일한 손자인 사촌동생에 대한 할머니의 편애는 지극하셨다.

    사촌동생이 태어나고 얼마 안 되어 백부께서 돌아가시고 편모 밑에서 자랐다. 어릴 때 부산으로 이주하여 그런대로 자리를 잡았는데, 4·19혁명 때 백모께서 돌아가셨다. 여러 가지 사정으로 사촌동생은 거의 빈손으로 강원도 속초로 갔다. 설악산이 좋아 속초로 갔다고 하는데 전후 사정은 모른다. 그곳에서 제수씨를 만나 결혼하여 살게 되었는데 초반에는 고생을 많이 하였다. 그림에 소질이 있어 여러 대회에서 입상하여 그쪽으로 진출하려 하였으나 여의치 않았다. 그림 대신에 목각 공예품을 만드는 일에 종사하였다. 목각 공예품을 제작하여 설악산을 위시한 관광지의 기념품을 제작하는 일이었다.

사촌동생은 관솔공예를 시작하여 어느 정도 인정을 받기도 하였다. 관솔은 색감도 좋고 변질도 되지 않아 인기를 얻은 것이다. 궤도에 오르게 되어 내설악 한계리로 이전하여 완전히 자리를 잡았다.

사촌동생은 아들을 둘 두었는데 큰아들은 '원'으로 지었다. 성이 강 씨이니 '강원'이 큰아들의 성명이 된 셈이다. 강원도 설악산이 좋아 강원으로 지은 셈이다. 작은아들의 이름은 '산'으로 지었다. '강산'이 작은아들의 성명이 된 셈이다. 교통이 불편하던 시절 설악산으로 이주하여 결혼도 하고 아들 둘도 얻어 이름을 강원도와 설악산에서 따서 지은 것이다.

할아버지와 할머니는 작은아들 집에 거주하셨다. 아마 백부님께서 먼저 결혼하여 분가하여 모시게 되었다. 사촌동생이 자리를 잡자, 원칙대로 할아버지 할머니 제사를 모셔 가겠다고 하였다. 어머니께서 내 생전에는 안 된다고 하셨다. 어머님이 돌아가신 후, 사촌동생은 조부모님 제사를 모셔 가겠다고 정식으로 요청하였다. 형님께서 망설였지만 내가 나서서 모셔 가게 하자고 주장하였다. 할머니의 사촌동생에 대한 사랑을 알고 있었기 때문이다.

이때부터 1년에 한 번씩 강원도 여행이 시작되었다. 할머니의 나에 대한 사랑, 내 이름을 애타게 부르며 운명하셨다는 할머니를 생각하면 할머니 제사에 참석하지 않을 수 없었다. 당시에 나는 입대하고 없었다. 처음에는 주로 동해를 따라가는 7번 국도를 버스를 타고 갔다. 속초까지 10시간씩 걸리는 장거리 여행을 기꺼이 하였다.

할머니께서는 가오리찜을 좋아하셔서서 건가오리를 가지고 해마다 제사에 참석하였다. 4차선으로 확포장되기 전의 7번 국도는 해안으로 달려서 환상적이었다. 동해안 어지간히 큰 마을에 정차하는 버스도 더러 탔기 때문에 면 소재지 정도의 마을은 이름을 기억하게 되었다. 7번 국도, 그중에 망양휴게소를 처음 보았을 때의 감격은 잊을 수 없다. 부산서 강릉 가는 직행버스는 망양휴게소에서 한 번씩 쉬어 가는 기회가 있었다.

넓고 아득하게 전개되는 동해바다, 혼자 보기 아까웠다. 아내는 국내 여행을 싫어하여 주로 단독으로 다녔는데, 망양(望洋) 망망대해를 혼자 바라보는 외로움, 그렇게 세월이 흘러갔다. 세월이 흘러 운전을 하게 되었다. 이때부터는 평소 마음에만 두고 가지 못했던 오지의 길을 찾아가는 여행을 시작하였다. 산길 가기에 편한 SUV를 구입하여 1년에 한 번씩 강원도 여행을 하게 되었다. 8월 중순에 가는 강원도 속살을 보는 여행이 시작된 것이다. 그중에 가장 기억에 남는 여행은 골지천 여행이다.

한강이 오대산에서 시작하는 오대천에서 시작한다고 알려져 있었는데 일제 강점기에 측량하여 골지천이 오대천보다 20여 Km 정도 더 길다. 59번 국도를 주행하던 기억이 떠오른다. 이때에는 내 옆에 큰딸 나현이가 앉아 있었다. 이후 나현이는 수시로 "아빠, 강원도 가자."라고 한다. 오대천의 숙암계곡 등 경치들이 눈에 선하다. 한참 가다가 경치 좋은 곳에서 나현이에게 먹을 것을 주니 허겁지겁 먹는 모습이 세월이 한참 가도 잊을 수가 없다. 사람 사는 것이 거창한 것 같지만, 여기서 그렇지 않다는 것을 느낄 수 있었다.

사촌동생은 설악산이 좋아 강원도로 갔지만 내설악과 외설악을 연결하는 마등령을 넘어보지 못하고 있었다. 설악에서 평생을 살면서 내설악에서 외설악으로 넘어가지 않았다는 사실은 창피하다고 말하며 넘자고 강력히 권하였다. 나는 20대 중반부터 등산하여 전국 어지간한 산은 다 가보았기 때문에, 이때 못 가면 평생 마등령 한 번 못 넘고 일생을 마치고 말지 모른다고 강력하게 권하였다.

용대리에서 백담사행 중형버스를 타고 백담사까지 갔다. 백담사는 설악산에 있는 작은 분지의 평범한 절이었다. 여기서 내설악 유명한 계곡으로 가는 출발지가 된다. 천불동 계곡을 등반하면, 할머니들이 많이 내려오는 광경을 볼 수 있는데, 이분들은 여기서 수렴동 계곡 11km를 등반하여 봉정암에서 1박하고 넘어오는 분들이라고 한다. 오세암을 지나 마등령을 향하여 등반하였다. 사촌동생은 자꾸 뒤처지며 힘들어하였다.

드디어 마등령에 이르러 바라보니 설악의 진면목이 눈앞에 전개되는 것이었다. 일반적으로 설악산 관광코스는 외설악 관광단지 주차장에 주차하고, 신흥사를 거쳐 비선대에서 끝난다. 그런데 마등령에서 하산하면서 바라보는 설악산의 모습은 필설로 설명하기가 힘들다. 자고로 금강산에 대해 칭찬을 많이 하고 있으나, 마등령에서 비선대로 내려오면서 바라본 설악의 진면목도 대단하였다.

다른 해, 할머니 제사 다음 날, 대청봉 등반에 나섰다. 이때에는 한계휴게소 조금 못 미친 곳에서 등반하여 중청봉, 소청봉을 거쳐 대청봉에 등반하였다. 이 등반이 사촌동생이나 나에게는 처음이자 마지막인 대청봉, 설악 최고봉 등반이 되었다. 그 뒤 사촌동생은 허리가 불편하여 무리한 등반은 불가능하게 되었다.

3년여 전 강산이로부터 동생의 부음이 전해져 왔다. 동생의 장례에 참석하기 위해 인제 내설악으로 가는 길, 동생과 함께 갔던 대청봉 주위에 흰 뭉게구름이 아름답게 떠 있었다.

아주 젊은 시절 지리산에 가고 싶은 생각에 열병을 앓은 적이 있다. 남한 본토에서 가장 높은 지리산, 등산에 관심이 있는 젊은이는 지리산에 가고 싶은 열망은 다 같이 가지고 있을 것이다.

마침, 지리산 등반 기회가 왔다. 직장에서 지리산 철쭉제에 참석하는 사람을 모집한다고 하였다. 얼씨구나 하고 참석을 신청하였다.

드디어 지리산 등반을 하는 날, 가슴이 설레었다. 관광버스로 산청군 시천면 내대리에서 하차, 철쭉제가 개최되는 세석평전으로 향했다. 거림골을 거쳐 오르는 지리산 초등길, 가슴이 뛰었다. 반쯤 오르니 서쪽 맞은편에 거대한 산군이 보였다. 광양의 진산 백운산(1,216.6m)이라고 한다. 섬진강 건너편에 백운산이 있다고 하는데 섬진강은 보이지 않고 백운산 연봉이 보였다.

들뜬 마음으로 세석평전에 도착하였다. 촛대봉(1,703.7m) 아래 약간 경사가 진 넓은 고원이 전개되었다. 키가 큰 고목은 별로 없었다. 관목인 철쭉들이 곳곳에 피어 있었다. 6월 초 꽃들이 사라질 시기인데, 높은 곳이라 철쭉들이 만발하여 봄을 다시 맞이하는 기분이었다.

다음 날 아침을 먹고 지리산 주봉 천왕봉으로 향했다. 크게 힘은 들지 않았는데 지리산 주봉을 향한다는 설렘에 기분이 상기되었다. 장터목을 지나니 고사목이 군데군데 있는 전형적인 고산 분위기에 젖어들었다. 드디어 지리산 주봉 천왕봉(1,915.4m)에 이르렀다.

20여 년 동안 귀로만 듣던 지리산을 이렇게 오르게 되니 젊은 기분은 더욱 상기되었다. 날씨는 맑아 멀리까지 보이는 상쾌한 기분, 잊을 수 없었다. 법계사를 거쳐 중산리로 하산하는 길에는 많은 사람이 지나간 흔적들이 곳곳에 남아 지저분하였다는 기억이 있다.

두 번째 지리산 등반은 40대 초반에 있었다. 나보다 열 살 정도 많은 교수님께서 무박 지리산 종주를 같이하자고

권하였다. 당시에 공과대학 내에서는 내가 등산을 많이 한
다고 알려져 있었던 모양이다. 고향이 양산이어서 부산 주
위 산의 정보를 아는 편이라 등산을 자주 하였다. 천성산
동쪽 웅상에서 하차, 산을 넘어 내원사 계곡을 내려오는
일을 수시로 하였다.

　학기가 끝나면 새벽에 구포에서 완행열차를 타고 원동에
서 하차, 소형버스를 타고 배내 선리에서 내려 배내천 가
에 있는 송림을 바라보는 즐거움을 맛본다. 선리에서 파래
소 계곡을 트레킹하여 신불산(1,159.3m), 영취산(1,081.0m) 줄
기를 넘어 언양이나 통도사 계곡을 넘어오는 취미가 되었
다. 이러한 사실이 알게 모르게 소문이 난 모양이다.

　시민회관 앞에서 저녁 10시 넘어 출발, 지리산 성삼재에
2시 조금 못 미쳐 도착하였다. 버스 속에서 잠을 조금 잘
수 있었다. 2시에 출발하여 노고단(1,502m), 토끼봉(1,534m),
벽소령을 거쳐 20여 년 전에 왔던 세석평전에 도착하였다.
기분이 묘하였다. 세월의 덧없음에 고개를 숙이지 않을 수
없었다. 세월은 지났으나 힘들다는 생각은 들지 않았다.

동행했던 교수님은 나보다 먼저 가려고 애를 쓰는 눈치였다. 교수님을 추월할 수 있었지만 양보하고 뒤따라가니 전혀 힘들지 않았다. 드디어 천왕봉, 감개무량하였다. 20여 년의 세월, 그동안 내가 한 일이 무엇이었나? 세월은 흘렀으나, 건강을 유지하여 다시 오를 수 있었던 일에 감사하지 않을 수 없었다.

종착지 중산리에 도착하였다. 오후 3시 30분, 13시간 반 만에 지리산 종주를 하였다. 2박이나 3박의 시간이 필요하다는 지리산 종주를 무박 1일에 해냈다는 성취감, 감개무량하였다.

우리 팀보다 한 팀이 먼저 도착하였다. 그 팀은 관광버스 출발을 기다리지 않고, 시외버스로 간다고 한다. 이상하다고 생각하였다.

주위 가게에서 요기하며, 막걸리로 목을 축였다. 같이 온 교수님께 권하니 끝까지 마시지 않았다. 의사 선생님이 술을 마시면 안 된다고 하셨다 한다. 등산도 40대 중반이 넘어 건강을 위해 시작하셨다고 한다. 20대 초반에 시작한 나와 대조되었다. 나는 당시에 혈압 때문에 시작하여 건강을 되찾아 고마운 일이 되었고, 그 교수님은 건강이 좋지 않아 오래전에 등산을 못 하게 되셨다니 안타까운 일이 아닐 수 없었다.

2시간, 3시간이 지나도 관광버스는 출발할 생각을 하지 않는다. 무리하여 낙오된 팀들이 여럿 있다고 하였다. 결국 저녁 12시가 넘어 출발하는 불상사가 일어났다. 앞의 팀들이 먼저 간 이유를 비로소 알 수 있었다.

지리산 종주는 아무나 하는 일이 아니다. 나의 입장으로 보아 일생일대의 지리산 종주를 무박 1일로 할 수 있는 행운을 가질 수 있었다. 만약 조금이라도 망설였다면 후회 속에서 여생을 보내고 있었을 것이다.

세 번째 지리산 등반은 더 극적이었다. 나와 등산을 자주 하는 동료 교수와 다른 직원 몇 명과 함께 대원사 계곡으로 지리산 동쪽 능선으로 올라 하봉, 중봉을 거쳐 천왕봉을 등반, 중산리로 하산할 계획이었다.

대원사 앞 민박집에서 일박하고 산을 오르기 시작하였다. 어젯밤부터 오기 시작한 비가 아직도 제법 내리는 상황이었다. 지나가는 마을 사람이 우리를 이상하게 쳐다보고 노망 걸렸냐며 산에 가면 눈이 쌓여 있으니 가지 말라고 하였다. 그러나 우리는 모처럼 온 등반을 취소할 수 없어 강행하기로 하였다.

거의 매주 등산을 했던 나는 동료 교수보다 다른 대원들과의 거리가 멀어지기 시작하고, 산 능선에 이르렀을 때는 눈이 퍼부어 앞이 보이지 않을 지경이었다. 그래서 능선에 있는 산장지기에게 뒤에 오는 대원들은 등반을 포기하고 하산하라는 말을 부탁하고 둘이 등산을 계속하기로 하였다.

악전고투, 눈은 앞이 보이지 않을 정도로 퍼붓고, 하산하는 다른 일행들만 보이고 등산하는 사람들은 아무도 없었다. 하산하는 팀들은 하산하는 것이 좋을 것이라며 충고하였다. 그러나 우리는 모처럼 시작한 등반이어서 앞으로 직진하였다. 드디어 지리산 주봉, 천왕봉에 오르니 눈이 앞을 가로막고, 나무에 붙어 있는 표식 리본 높이까지 눈이 쌓여 있었다. 허리 위까지 눈에 빠져서 전진하기가 곤란하였다.

중산리 쪽으로는 바람이 거세어 접근조차 할 수가 없었다. 이때 절망감을 처음으로 느꼈다. 그래서 반대편 칠선계곡으로 하산하기로 하였다.

‘칠선계곡’, 한국 3대 계곡. 처음에는 눈에 빠져서 걸을 수가 없어서 몇백 미터 정도는 눈에 주저앉아 미끄럼을 타며 내려왔다. 한참을 내려오니 바람이 덜 불고 길도 나타나서 걸을 수 있었다. 때는 2월 중순이라 길은 반쯤 녹아 이주 미끄러웠다. 아이젠을 착용하지 않았다면 오도 가도 못 할 정도로 미끄러운 얼음길을 한참 내달렸다.

어느덧 칠선계곡. 눈은 그쳤고 산 위의 눈이 일부 녹아 개울 소리 웅장하고 곳곳의 폭포들을 언뜻언뜻 보면서 달리듯이 하산하였다. 그런데 칠선계곡 끝부분에 있는 추성리 불빛이 저 멀리 보이는 곳에서부터 어두워졌다. 휴대폰 빛에 의지해 겨우 추성리에 도착, 무사히 하루 종일 걸린 지리산 또 다른 종주를 완성하였다. 같이 등반했던 그 교수는 나보다 3살 아래인데 지금은 몸이 불편하여 보행에 장애가 있어서 재활에 힘쓰고 있다.

술은 절주하고 섭생에도 건강을 생각하며 각별하게 신경을 많이 썼는데 무척 안타까운 일이다. 선배 교수님은 아예 술을 드시지 않았고, 친분 있던 후배 교수는 건강을 위해서 절주했는데, '건강은 무엇에 좌우되는 것일까?'라는 의문을 가지게 되는 지금, 나는 호연지기가 건강에 상당히 중요한 부분을 차지한다는 생각을 갖게 된다.

09 바이칼호 여행

　시베리아 횡단 철도여행이 유행한 시절이 있었다. 지금부터 20여 년 전 연구년을 신청하여 마음껏 여행할 수 있었던 시절이었다. "시베리아 횡단 철도를 타보지 않고 세상을 알고 있다고 말하지 말라."는 말이 떠돌고 있었다. 평소 여행에 관심이 많았던 나는 '이때다!' 하고 연구년을 신청하였다. 당시는 러시아와 서방이 사이가 좋던 시절이라 시베리아 철도여행 프로그램이 많이 있었다고 기억된다.

　그런데 여행을 신청한 회사에서 연락이 오지 않았다. 연락을 해보니 신청자가 부족해 취소되었다고 하였다. 실망이 컸다. 그러나 이미 시작한 연구년, 차선책을 찾아보았다. 몽골을 거쳐 바이칼호와 러시아 이르쿠츠크를 여행하는 프로그램이 있다고 하여 얼씨구나 하고 신청하였다. 사람들이 많이 가는 코스보다 가격이 배 이상 비싸 보였지만 개의치 않고 신청하였다.

바이칼호는 크기가 세계에서 5, 6위지만 부피로 따져서 가장 큰 호수이다. 카스피호는 바이칼호보다 10배 정도 크지만, 볼가강 등 유럽 러시아의 물을 받아서 바다로 나가는 출구 강이 없는, 호수가 아니라 바다로 불린다. 출구 강이 있는 담수호는 미국과 캐나다 경계에 있는 세계에서 가장 큰 슈피리어호보다 반이 조금 안 되지만, 깊이가 깊어 부피로는 가장 큰 담수호라고 한다. 민물을 가장 많이 담고 있어 민물고기도 가장 많이 살고 있는 호수라고 하여 한 번은 가보아야겠다고 생각하고 있었다.

면적은 남한의 3분의 1 정도이지만 길이는 서울-부산 거리의 1.5배인 636km인 반달 모양의 바이칼호, 그리고 시베리아의 일부와 1박2일 시베리아 철도여행이 있는 여행, 기쁜 마음으로 하기로 하였다.

인천 공항을 출발한 비행기는 새벽에 몽골의 수도 울란바토르 공항에 도착하였다. 호텔에서 잠을 조금 자고 공항으로 출발하였다. 울란바토르 앞산에 거대한 칭기즈 칸 얼굴 모습이 보였다. 몽골 사람들이 칭기즈 칸을 민족의 절대적 영웅으로 생각하고 있음을 생생하게 보여주고 있다.

공항은 조그마하여 부산항 일본행 여객선 터미널 생각이
났다. 몽골 인구가 300만이 채 안 된다는 점을 생각하니
이해가 되었다.

　이르쿠츠크행 비행기는 40인승 프로펠러 비행기였다.
약간 겁이 났지만 탑승하였다. 다행스러운 점은 비행 높이
가 3,000m 정도라 몽골 서북부 풍경을 볼 수 있었다는 점
이다. 조금 가니 황량한 몽골의 풍경이 전개되었다. 평야
부는 초목이 보였지만 정상부는 메마른 몽골 특유의 풍경
이 전개되었다. 한국에서는 보기 힘든 풍경, 특히 사람이
사는 취락지가 거의 보이지 않는다는 점이다. 10,000m 이
상 상공을 나는 서울-부산 제트 여객기에서도 다닥다닥
보이는 마을과 도로 등이 거의 보이지 않는 황량한 풍경이
계속되었다.

　30분 정도 비행하니 녹색 평야지가 보이기 시작하였다.
조금 더 비행하니 거대한 호수가 보였다. 꿈에 그리던 바
이칼호이다. '넓고 긴 바이칼호', 이렇게 하면 볼 수 있는데
미루기만 하다가 아까운 시간만 속절없이 흘러갔다. 햇살
에 반짝이는 바이칼호. '여행은 갈까 말까?'라고 생각되면

무조건 가라는 바람의 딸의 말이 무조건 옳다고 다시 한번 느끼는 순간이었다.

바이칼호를 지나니 러시아 특유의 '다차(러시아 전원주택)' 지역이 계속되었다. 러시아는 남한 면적의 170배나 되는 세계에서 가장 넓은 국가이지만 남한 인구의 3배 정도의 인구를 가지고 있다.

국가에서 거의 무상으로 교외에 토지를 주어 주말이면 다차로 나가고 일요일 오후에는 텃밭에서 수확한 농산물을 싣고 도시로 들어온다고 한다. 말로만 듣던 다차 지역을 보니 감개무량하였다.

이르쿠츠크 공항에 도착하였다. 공항은 그다지 크지 않았다. 그런데 입국 절차가 너무 복잡하였다. 열 군데 정도의 통과문이 있었고 문마다 사람이 서서 확인하였다. 두 시간 이상의 시간이 걸렸다. 현지 가이드에게 물어보니 옛 공산주의의 시스템이 남아 그렇다고 하였다. 공산 체제가 무너진 지 15년이 지났는데 아직 그러니 공산 체제가 망한 것이 이해되었다. 그냥 돈을 주면 자존심이 상하니 일을

나눈다고 한다. 생산성에 완전히 역행하니 국제 경쟁력이
생길 리 없다.

이르쿠츠크 시내는 중부 시베리아의 중심도시지만 아직
공산시대 영향이 남아 초라하게 보였다. 일본과 유럽의 도
시들과 비교하면 너무 초라한 감이 들었다. 러시아 제정시
대 정권에 저항했던 귀족들의 유배지로 유명하다. 12월혁
명 가담자가 유배 후 살았던 집을 보니, 유배 거주지만 너
무 화려하여 러시아 귀족의 부 독점의 정도가 심했다는 사
실이 실감되었다.

이르쿠츠크에서 바이칼호는 가까웠다. 바이칼호의 유일
한 출구 강인 앙가라 강변에 이 도시가 형성되었다. 앙가
라강은 시베리아 3대 강인 예니세이강으로 흘러가 북해로
유입된다. 이르쿠츠크에서 조금 동쪽으로 가면 수력발전
소가 1956년에 건설되어, 이 주위의 전력을 공급하고 있
다. 거대한 바이칼호의 영향으로 가뭄의 영향을 받지 않는
전천후 발전소라고 한다.

이르쿠츠크에서 일박하고 다음 날 바이칼호로 향했다.

꿈에 그리던 바이칼호 호반에 도착하였다. 끝없이 넓은 바이칼호, 세계의 얼지 않는 담수의 2할을 담고 있다는 담수호 물이 너무나 깨끗하였다. 에피스추라(Epischura)라는 새우를 닮은 특유의 갑각류가 호수 밑바닥에 많이 살아서 호수의 오염물질을 여과시킨다. 호숫가까지 직접 확인해 보니 골짜기에서 흐르는 물 이상으로 맑았다.

바이칼호로 유입되는 강은 모두 336개이고 이 강들의 유역 면적은 56만 제곱킬로미터로 남한 면적의 거의 6배에 가깝다. 여기에서 흘러온 물들이 흐려지지 않고 맑은 상태를 유지한다고 하니 놀라운 일이다.

바이칼호에 사는 민물고기 중 연어과에 속하는 오물이 가장 유명하다고 한다. 여행사에서 임대한 배를 타고 오물구이를 안주로 보드카를 마시니 이태백의 장진주가 저절로 읊어진다.

"黃河之水 天上來
奔流到海 不復回"

살아오며 벼르기만 하고, 다시 돌아오지 않을 시간을 낭
비해서는 안 되겠다는 다짐을 다시 한번 하였다.

10 타슈켄트

"영토 분쟁 때문입니다." "우즈베키스탄의 수도가 왜 동북 구석에 위치한 타슈켄트인가?"라는 질문에 대한 대답이다. 우즈베키스탄 여행에서 타슈켄트와 여타 도시와의 차이는 엄청났다. 위치가 카자흐스탄과 인접한 북쪽 구석에 있다는 사실이 너무나 궁금하여 가이드에게 계속 질문을 한 결과이다.

귀국하는 비행기 옆자리에 우즈베키스탄 젊은이가 앉았다. 한국에서 한국어를 배웠고 현재는 우즈베키스탄인에게 한국어를 가르치고 있다고 한다. 이 젊은이에게 똑같은 질문을 하였다. 러시아에서 오는 철도가 타슈켄트까지만 왔기 때문에 수도가 되었다고 한다. 의문이 더욱 심해졌다. 역사적으로나 지리적으로 너무나 불합리한 수도의 위치인 것이다.

우즈베키스탄 여행 전 준비과정에서 지도를 보았다. 전

남 고흥반도처럼 입구가 좁은 주머니 같은 우즈베키스탄 땅을 확인할 수 있었다. 그 지역이 텐산산맥과 파미르고원 사이의 분지인 것 같았다. 타슈켄트로 가는 비행기에서 텐산산맥의 만년설이 오래 계속되었다. 만년설이 끝난 후, 몇 십 분 동안 평지가 계속된 후 타슈켄트 공항에 도착하였다.

우즈베키스탄 현지인 가이드로부터 실정 이야기를 듣고 싶었지만 실패하였다. 그 분지는 페르가나 분지이다. 중앙아시아 5개국 면적의 5%가 되지 않지만, 전체 인구의 20% 이상이 살고 있다고 한다. 페르가나 분지의 노른자위는 우즈베키스탄이 차지하고 있다. 북쪽 구석 일부를 키르기스스탄이, 남쪽 구석 일부를 타지키스탄이 차지하고 있는 셈이다. 이것을 보면 타슈켄트가 동북 구석에 위치하는 것이 어느 정도 이해가 된다. 2006년에 영토 분쟁이 크게 있었다고 한다.

타슈켄트 공항 도착 첫날 식당에서 한국인 사업가를 만났다. 부산에서 왔다고 하니 반색을 하였다. 자기도 부산 출신이라며 부산 억양의 말을 하였다. "우즈베키스탄 생활이 어떠하냐?" 물었다. 천국이라 하였다. 물가가 싸서 그

124

야말로 천국이라 한다. 실제로 5일 동안의 우즈베키스탄 여행에서 충분히 느낄 수 있었다. 타슈켄트와 여타 도시와의 차이는 엄청나다고 한다. 여타 지역에서 근무하는 한국인들은 휴일에 타슈켄트에 와서 지내고 갈 정도라고 한다. 그 이야기를 들으니 더 타슈켄트에 대한 호기심이 생겼다.

타슈켄트는 중앙아시아 5개국에서 가장 큰 도시이다. 인구가 250만 명 이상으로 면적이 5배가 큰 카자흐스탄의 중심도시 알마티(180만 명)보다 더 크다. 우즈베키스탄의 인구는 중앙아시아 나머지 4개국 인구를 합친 것과 거의 같다. 국경도 나머지 4개국과 맞대고 있다. 가이드에게 물었다. "면적이 5배나 큰 카자흐스탄 인구가 왜 우즈베키스탄 인구의 절반밖에 되지 않느냐?"라고. "카자흐스탄은 유목 국가이기 때문이다."라고 대답하였다. 그러고 보니 작년 카자흐스탄 여행 때 식당에서 주는 고기 양에 질린 기억이 난다. 반 이상을 남겼다. 우즈베키스탄에서는 먹을 수 있을 정도로 주었다. 카자흐스탄 가이드가 말하였다. 소 한 마리 가격이 600불 정도라고 한다. 한우 한 마리 가격의 1/10이다.

영국이 중동에 진출하고 있을 때 러시아는 중앙아시아를 점령하였다. 이때 미국 남북전쟁으로 면화 수입이 중단된 것도 남하의 큰 원인이라고 한다. 러시아 남하를 저지하기 위한 크림전쟁(1853~1856)에 패한 9년 뒤 1865년 러시아는 타슈켄트를 점령하였다. 타슈켄트는 동쪽 텐산산맥, 파미르고원 등 산악지역과 서쪽 건조한 사막지역의 경계지역이다. 러시아는 타슈켄트를 중앙아시아 지배의 거점으로 정하였다. 러시아 모스크바와 연결하는 철도와 통신시설을 설치하여 도시의 성장이 시작되었다. 내 옆에 앉았던 젊은이가 했던 말과 일맥상통하는 내용이다.

중앙아시아 지형은 특수하다. 동쪽에 있는 텐산산맥과 파미르고원 등 산악지방은 강수량이 평지보다 3배 정도 많다고 한다. 산이 높아 눈으로 내려 산 위에 쌓여 있다. 이 눈들이 천천히 녹아서 흘러내리는 천연 저수지 역할을 하는 것이다. 이 물들이 북쪽에는 시르다리야강, 남쪽에는 아무다리야강으로 흐른다. 이 강들은 2,000km가 넘는 거대한 강이다.

이 두 강이 중앙아시아에서 큰 역할을 한다. 이 강들이

2,000km를 흘러서 세계 4위 호수 아랄해를 이루었다. 하지만 소련 시대에 활발한 사막 관개로 증발하였다. 아랄해 70% 이상이 사라졌다.

타슈켄트는 시르다리야강이 사막으로 나오는 경계지역에 위치하고 있다. 시르다리야강은 타슈켄트 근처를 지나서 카자흐스탄 남부를 흘러 카자흐스탄 곡창지대를 이룬다. 러시아에서 타슈켄트로 오는 중앙아시아 철도는 시르다리야강 줄기를 따라서 온다.

뚜렷한 구분 없이 통치되던 중앙아시아에 1924년 우즈베키스탄공화국이 출범하였다. 5년이 지난 1929년 키르기스스탄, 타지키스탄공화국이 분리된다. 이 과정에서 주머니 같은 페르가나 분지의 노른자위는 우즈베키스탄이 차지하게 되었다. 주위 나라와 영토 분쟁이 잠재되어 있는 것이다. 우즈베키스탄은 카자흐스탄처럼 중앙에 있는 사마르칸트로 수도를 옮기고 싶어도 옮기지 못하고 있다. 타슈켄트는 중앙아시아 최대의 공업도시이다. 나름대로 중앙아시아의 중심도시 역할을 하고 있는 셈이다.

3장.
익숙한 계절,
익어가는 일상

01 돌나물을 뜯으며

　인류가 지구상에 출현한 뒤 대부분의 시간 동안 수렵채취 경제시대를 살았다고 한다. 학자에 따라 다르지만, 그 기간이 대략 200만 년 정도가 된다고 하는 것이 정설인 것 같다. 그 긴 기간 동안 조상들의 유전자에 수렵채취 경제의 본능이 각인되었다. 채취가 뜻대로 되지 않는 경우가 많아 그것에 대비해 기회만 있으면 몸속에 지방을 저장하려는 체질이 형성되었다고 한다.

　내가 비만으로 단단히 고생하고 있는 것도 수렵채취 경제시대에 형성된 그 유전자 때문인 것 같다. 최근에 비만에서 벗어나기 위해 식사량을 30% 이상 줄이고 꾸준히 운동하고 있으나 뱃살이 줄 생각을 하지 않는다. 비만 상태를 오래 유지하니 인슐린 저항성이 고질이 된 것으로 판단되어 그 유전자에 원망이 새삼스럽다. 미국과 호주에 여행 갔을 때 자주 눈에 띄는 고도비만은 아니지만, 여러 가지 생활상의 불편과 다른 사람이 나를 보는 눈이 말이 아니니 반드시 비만에서 탈출하여야 할 것이다.

다행히 고향이 부산에서 가까운 양산이라 젊은 시절에 골짜기 땅을 마련하여 취미 농사를 시작한 것이 25년쯤 된다. 자가용이 없던 시절에는 밭에서 5km쯤 떨어진 곳에 버스에서 미리 하차하여 조깅하여 가기도 하는 등, 내 나름대로 많은 노력을 하였다. 몇 차례 몸무게 감량에는 성공하였지만 요요 현상 때문에 제자리로 돌아가기도 몇 차례 하였다. 하도 감량이 되지 않아 양산천 제방을 뛰기도 하고, 양산천 제방이 짧아 열차를 타고 가서 밀양강 제방을 뛰기도 하였다. 밀양역에서 밀양강을 따라 뛰다가 삼량을 지나 낙동강 본류를 따라 수산까지 30km에 육박하는 길을 뛰었다. 3시간 이상을 하남들을 바라보며 뛰는 기쁨이 지금도 생생하다. 그 하남들이 최근 거론되던 밀양 신공항 후보지이다.

수렵채취 경제시대에 형성된 DNA 중 이와 같이 생명을 유지하기 위한 지방축적 DNA는 현대인에게 상당한 고통을 주는 것이지만 즐거움을 주는 DNA도 있을 것이다. 사냥은 우리나라와 같이 땅이 좁은 나라에서는 어렵다. 그러나 휴일마다 수많은 낚시꾼이 강가나 바다에서 밤을 새우고 추운 겨울바람을 마다하지 않고 이른 새벽에 출조를 나가는 것을 보면 짐작할 수 있다. 낚시 취미는 붙이지 못했지만 낚시 취미에 빠진 사람들의 말에 의하면, 손에 소식이 오면 전율하는 기쁨을 느낄 수 있다고 한다. 이 기쁨은 단지 잡는 물고기의 효용가치를 수십 배 뛰어넘는, 잡는 그 순간의 기쁨이 우리 인류에게 전해진 순수한 DNA가 아닐까?

많은 설문 조사에 의하면 우리나라 사람들의 2/3가 넘는 사람들이 은퇴하면 농촌에 가서 살겠다고 한다. 그러나 실제로 농촌으로 가는 사람은 그중 극히 일부인 것 같다. 도시를 벗어나 농촌에 가면 불편한 것이 많고, 잊은 지 이미 오래된 농사일을 하려니 엄두가 나지 않아서 그럴 것으로 판단된다. 농촌에 가면 공기가 맑고 조용한 것은 좋으나 농사일이란 노동을 새삼스럽게 하는 것이 귀찮게 생각되는 것은 당연하다. 그러나 농촌생활에서는 위에서 말한 채취경제 시대부터 전해오는 긍정적인 DNA를 누릴 수 있다는 사실을 생각하지 못하는 경우가 많다. 생존을 위한 지방축적 DNA는 인류의 몸에 무의식적으로 전해져 내려오지만, 채취 그 자체의 기쁨은 의식적이고 인류 본래의 즐거움이다.

5월 초, 어린이날 전후 돌나물이 내 고향 양산 어느 골짜기에 있는 내 밭에서 자라고 있는 것을 발견하였다. 때는 오후 5시 전후, 산바람이 내려와 공기는 더할 수 없이 맑았고, 주위 나무들의 신록 잎들은 늦은 오후의 햇빛에 반짝이며 흔들리고 있었다. 모든 욕심과 세상사를 잊고 한 시간 가까이 돌나물을 뜯는 순간 시간 가는 줄 몰랐다. 이러한 경험은 밭에서 재배한 작물을 수확할 때보다 야생 나물이나 열매를 채취할 때 더 많이 느낀다. 산림녹화 사업 40여 년이 지나 산나물은 보기 힘들어졌지만 봄에 나는 쑥이나 달래, 6월의 산딸기를 볼 때 누릴 수 있는 본능적인 기쁨이다.

돌나물을 뜯고 있는 순간 어릴 때 귀여워했던 송아지에게 푸른 풀을 먹일 때 보여주었던 청순한 눈망울이 생각난다. 그 송아지가 느꼈던 수백만 년 동안 내려온 본능적 기쁨의 경지에 도달한 기분이 들었다.

몇 년 전 내 차의 주행거리가 20만 km를 넘어 차를 바꾸려 망설이고 있을 때, 동료 교수 중 한 분이 자기도 최근에 차를 바꾸었다면서 차를 시승시켜 주었다. 그때 했던 말이 생각난다. 서울 요지에서 세무사로 일하는 그 교수님의 동생 말에 의하면 상속 때문에 피상속인끼리 싸움이 치열하다고 한다. 노후에 쓰려고 돈을 식구들 모르게 축적해 놓았는데 제대로 쓰지도 못하고 싸움만 야기한 채 세상을 뜨는 경우가 비일비재하다고 한다. "돈을 통장에만 두면 무슨 의미가 있느냐?"라고 하였다. 그 말을 듣고 차를 바꾸었다. 차를 바꾸니 좀 멀리 가도 걱정이 되지 않고 상쾌한 엔진소리가 그지없이 기분이 좋았다.

돈이 어느 정도를 넘으면 돈이 사람을 지배한다고 한다. 돈을 지키려는 걱정 때문에 더 불행해지는 경우가 많다고 한다. 생명을 유지하기 위해 지방을 움켜쥐려는 우리 몸의 본능과 무조건 돈만 움켜쥐려는 돈 욕심은 무엇이 다를까? 5월 초의 신록과 맑은 산들바람, 그리고 돌나물 뜯는 기쁨은 비만에서 벗어나지 못하는 안타까움을 잊게 해주었다.

02 들깨

“비닐하우스에 불이 켜져 있다.”

밀양에서 삼랑진으로 가는 열차에서 자주 보는 모습이었다. 나중에 알고 보니 잎들깨를 재배하는 비닐하우스라고 한다. 아무리 말 못 하는 식물이지만 너무 가혹하다고 생각했다. 성장을 촉진하기 위해 밤에도 혹사시키는 일로 착각한 것이다.

세상에서 깻잎을 먹는 민족은 우리 민족뿐이라 한다. 깻잎은 들깻잎을 말한다. 깻잎용 들깨와 열매 채취용 들깨는 조금 다르다. 열매 채취용 들깻잎도 먹을 수 있지만 판매용 깻잎을 재배하는 농가는 주로 깻잎용 들깨를 재배한다. 들깨는 생체 시계가 있어서 해가 짧아지면 꽃이 피어 잎 성장을 멈춘다. 잎들깨 재배 농가들은 잎 채취 기간을 연장하기 위해 밤에도 일정 시간 조명하여 낮 시간이 여전히 길다는 신호를 주는 것이다.

잎들깨는 심는 시기가 일반 들깨와 다르고, 곁가지도 제거해 주어야 한다. 반면 일반 들깨는 열매 송이가 많이 달리도록 주 가지를 꺾어서 곁가지가 많이 나도록 한다. 잎들깨는 심는 간격도 일반 들깨에 비해 촘촘하다. 한여름에는 4~5일에 한 번씩 수확할 정도로 성장이 왕성하다. 잎들을 일일이 손으로 수확해야 하고, 성장도 왕성하여 새벽 작업만으로 감당이 안 된다. 밀양 산골에서 뙤약볕 밑에서 수확 작업을 하던 아주머니들의 모습이 눈에 선하다.

깻잎은 로즈마린산을 함유하고 있어 뇌졸중 예방과 회복, 혈압 강하에 효과가 있고 각종 비타민도 많이 함유하고 있다고 한다. 고기 소비가 늘어나 깻잎 소비도 늘어났다. 동물성 지방 과다 섭취의 부작용을 줄여보려는 노력이다. 판매용 깻잎 재배는 단지화되어 재배하는 것이 일반적이다. 우리나라는 밀양과 추부(충남 금산군) 깻잎이 유명하다, 추부는 이른 여름부터 가을까지, 밀양은 여름부터 가을뿐 아니라 겨울, 봄 사철 재배한다고 한다. 밀양 산촌에 트레킹 여행을 하다 보면 파라솔을 세워 놓고 깻잎 수확을 하고 있는 아주머니들을 자주 볼 수 있다.

물 좋고 경치 좋은 계곡에 전원주택을 짓고 살고자 하는 로망을 가진 사람들이 많다. 불행히도 이러한 곳은 깊은 산중에 있다. 우리나라 산들의 삼림이 우거져 멧돼지, 고라니들의 침입으로 산골의 농작물이 무사하지 못하다. 전원주택의 텃밭에 들깨를 많이 심는다. 들깨를 심으면 잎에서 나는 독특한 냄새로 들깨뿐만 아니라 주위의 작물 피해도 막는다고 한다.

산촌에 있는 많은 밭은 잡초에 덮여 있다. 울타리를 어지간히 해도 산짐승들이 침입하여 농작물 재배가 힘들다. 군데군데 심어진 작물들을 보니 들깨들이다. 해마다 들깨 재배면적이 늘어나는 모습이다. 밀양과 추부 등 집단 재배지를 제외한 산촌에는 잎들깨보다는 열매 수확용 일반 들깨를 재배한다. 일반 들깻잎도 잎들깨와 차이가 거의 없다. 잎들도 채취한다. 판매용으로 채취하기보다는 자가소비용으로 채취하는 것이 일반적이다.

들깨, 들깨 열매는 들기름용뿐 아니라 음식의 양념이나 고명용으로 널리 사용된다. 들깨는 오메가3, 지방산 공급원으로 알려져 있어 가격이 지지된다고 한다.

서울 유학 시절, 순댓국 맛에 반했다. 돼지머리 고기에 들깻가루를 듬뿍 넣은 순댓국, 남쪽 지방에서는 그런 맛을 찾아볼 수 없다. 남쪽 지방에서는 들깻가루 고명이 들어가지 않는다. 반면 서울에서는 돼지국밥이 없다. 서울에 갈 일이 있으면 반드시 순대 국밥집에 가서 수십 년 전 추억에 잠긴다.

고향에 마련한 조그만 거처에 있는 텃밭에 들깨를 해마다 심는다. 어릴 때 어머니께서 해주시던 들깻잎의 추억에 심기 시작하였다. 나중에는 야생 동물들의 침입으로 들깨를 해마다 심는다. 어머니께서는 주로 쪄서 주신 것 같은데 요즈음은 생으로 많이 먹는다. 그때마다 어머니 생각이 난다.

들깨는 잎을 어지간히 채취해도 열매가 열린다. 9월이 되면 꽃이 피고, 들깨 열매 송이가 열린다. 10월 초중순에 베어서 1주일쯤 두었다 턴다. 전에는 해본 적이 없었던 일련의 작업들, 천막을 깔고 들깨들을 일일이 턴다. 어렵게 구한 얼기미채로 큰 검불들을 제거하고, 다시 바람에 작은 검불들을 제거한다. 그 작업이 끝나고 살펴보니 작은 벌

레들과 거미들이 기어다니고 있다. 이것들을 쫓아내기 위해 햇볕에 3시간 정도 말려야 한다. 이렇게 작업을 해도 한 되가 안 된다. 그래도 해마다 수확하는 것은 할머니의 추억 때문이다. 나를 무척 아껴 주셨던 할머니께서 하시던 들깨 수확 작업, 그 작업을 하면서 할머니 생각을 하며 세월의 매정함을 절실히 느낀다.

어느 해 봄, 창고에 걸어둔 얼기미채에 조그만 새가 눈을 말똥말똥 뜨고 나를 쳐다보고 있었다. 이름 모르는 산새였다. 보통 이쯤 되면 도망가는데 도망갈 생각을 안 하는 것으로 보아 알을 품고 있는 것으로 보인다. 얼기미채가 벽을 향하지 않고 밖을 향해 있으니, 풀과 나무토막들을 주워서 둥지를 만들었다. 비도 맞지 않고, 천적도 올 수 없으니 산새 입장으로는 최적 장소이다.

예상했던 대로 며칠 후 털도 나지 않은 다섯 마리 새끼 새가 둥지 속에 있었다. 처음에는 눈도 뜨지 못하고 털도 제대로 나지 않은 새끼 새가 보름 정도 지나니 어미 새보다 더 커졌다. 이틀 정도 지나니 새끼 새는 둥지를 떠나 창문으로 나가려 애를 쓰고 있었다. 다음 날 보니 새끼 새와 어미 새 모두 날아가고 없었다.

둥지에 있던 검불을 치우며 생각해 보았다. 다 같은 한자 문화권인데 우리나라는 이것을 이소(離巢)라 하며 대수롭지 않게 생각한다. 일본은 수립(巢立)이라 하고 수타츠라고 읽는다. 새끼 새가 자립하여 둥지를 떠난다는 긍정적인 의미가 있는 것이다. 일본 도호쿠대학(東北大學)에 몇 달 있을 때, 동북대학 재학생의 반 이상이 동경권, 오사카권 학생들이었다. 재산을 나중에 물려주더라도 자식들의 자립심, 즉 수타츠를 위해 수도권 사립대학 무조건 진학은 없는 것이다.

산골에서 들깨를 가꾸며 누리는 소소한 즐거움!
산새와의 눈 맞춤!

이렇게 세월도 가고 나의 은퇴 생활도 흘러가고 있는 셈이다.

03 산딸기 익는 시절

　6월은 산딸기가 익는 시절이다. 대학 1학기 종강 시기와 거의 일치한다. 젊은 교수 시절 종강을 하면, 가고 싶었으나 강의 때문에 못 갔던 곳으로 조깅 여행을 갔다. 조깅 여행으로 한 학기 동안 수고했던 나 자신에게 상을 준 것이다. 가고 싶었으나 가지 못했던 새로운 곳, 깊은 계곡 길을 조깅하는 것을 큰 즐거움으로 삼았다. 당시에는 조깅하는 사람이 드물어 단독 조깅을 하였다.

　25여 년 전 6월 하순 주말이었다. 5만분의 1 지도에서 확인한 운문령-운문사 코스로 조깅하기로 하였다. 당시에 그 길은 비포장도로였다. 거기에 경사가 심한 계곡길이라 자동차가 거의 다니지 않았다. 시외버스에서 내려 차가 다니지 않는 도로를 걸었다. 운문령까지 지름길로 등산하여 운문령에 도착하였다. 운문령은 청도와 울산의 경계를 이루는, 해발 600m에 이르는 고개이다.

운문령에서 내리막길을 느리게 조깅하기 시작하였다. 조깅한 지 얼마 되지 않아 승용차 한 대가 나를 추월해 갔다. 주위 풍경을 구경하며 느린 속도로 뛰는 즐거움, 그것도 처음 보는 깊은 계곡을 달리는 기분은 달려보지 않은 사람은 짐작하기 힘들다. 초여름이지만 해발이 높은 계곡 길이라 시원한 바람이 불었다. 운문령에서 운문사 가는 길과 만나는 당시 문명국민학교까지 10여 km를 한 시간 남짓에 도착하였다. 운문령 근처에서 만났던 승용차 주인이 눈을 동그랗게 뜨고 "그 짧은 시간에 여기까지 왔느냐?" 하며 놀랐다. 비포장도로에서는 자동차 주행속도와 조깅 속도와의 차이는 거의 없었던 모양이다.

그 길이 이제는 확포장되어 자동차 왕래가 빈번하다. 고즈넉하던 그 길 주위에 펜션들이 즐비하게 세워졌다. 깊은 산골의 맑은 계곡과 나란히 가는 보기 드문 조깅 코스였는데 이제는 조깅이 불가능하게 되었다. 얼마 전부터는 운문령 터널 공사도 하고 있으니 고즈넉하던 계곡은 추억 속에서만 존재하게 되었다.

운문사 쪽으로 가지 않고 청도 쪽으로 내려갔다. 당시에 운문댐 공사는 거의 끝났고 담수하기 직전이었다. 수몰될 농지들은 경작하지 않은 채 사람 손을 타지 않고 있었다. 조금 내려가니 산딸기가 지천으로 익어 있는 것이 아닌가. 시골에서 자라서 잘 익은 산딸기를 보면 기쁨을 참을 수 없었다. 한 달쯤 일찍 익는 넝쿨 딸기는 흔하지만, 관목에 딸기가 익는 산딸기가 맛이 훨씬 좋았다. 재배하는 산딸기와 비교해도 제대로 익은 산딸기는 마치 자연산 회처럼 차이가 났다. 지금은 그곳이 운문호에 수몰되었다. 7일 정도 늦게 피는 벚꽃 구경을 위해 그 근처를 지날 때마다 그때의 추억이 떠오른다.

산딸기는 관목으로 키가 작다. 임도 옆 햇볕을 조금 볼 수 있는 곳에서 어렵게 자란다. 주위의 키 큰 나무가 무성하게 자라고 칡을 비롯한 넝쿨식물이 덮으면 생존하기 힘들다. 따라서 앞으로 그러한 행운을 누리기는 거의 불가능할 것이다. 그야말로 채취 본능에 충실했던 한때였다.

산딸기를 보면 어머니 생각이 난다. 어머니께서는 내가 서울에서 대학원 학업을 마치고 대학 발령을 받던 해에 돌아가셨다. 돌아가신 때가 산딸기가 익던 시절이었다. 그때는 잘 익은 산딸기도 반갑지 않았다. 내가 졸업한 모교에서 교수가 된 것을 누구보다 기뻐하셨던 어머니, 교수하는 모습을 제대로 보시지도 못하고 돌아가시다니 하늘도 무심하였다.

어머니께서는 이제 저 딸기를 드시지도 못하시고 영영 이별한다는 생각에 눈시울이 뜨거워졌던 기억이 아직도 생생하게 남아 있다. 어머니께서 떠나셨어도 산딸기는 6월이 되면 매년 익고 있다. 어머니 돌아가실 때보다 나이가 더 들어 정년퇴직한 입장에서 생각하니 세월이 너무 잘 간다. 지금도 임도 트레킹할 때 잘 익은 산딸기를 만나면 엄숙한 마음으로 따 먹는다. "저 산의 물은 덧없이 흘러가도 저 산은 그럴 수 없이 한가하더라(山水空流 山自閑)"라는 시구를 생각하면서….

산딸기 익는 시절에 같이 발갛게 익는 보리수가 있다. 보리수와 비슷한 나무가 산에서 자생(自生)한다. 그 열매는 벼가 익는 시절에 익는다. 벼가 익는 시절에 익는 열매가 모내기하는 시절에 익는 것이다. 보리수는 야생 보리수보다 훨씬 굵고 맛도 약간 신 편이다. 궁핍한 시절 자생하는

144

보리수 비슷한 열매, 내 고향에서는 '물포구'라 하였고 그
것을 따 먹던 곳에 가서 옛 추억에 잠기고 싶었지만 생각
뿐이다.

전원주택에 보리수를 많이 심어 놓았다. 발갛게 익은 모
습이 보기에 좋다. 그러나 전에는 수확하는 것으로 보였으
나 최근에는 거의 수확을 포기하는 것으로 보인다. 나도
처음에 몇 번 수확하다가 작년부터 수확을 거의 하지 못하
고 있다. 너무 많이 열리고 저장성이 떨어지니 그런 현상
이 일어나는 것으로 보인다. 임도를 트레킹할 때 가끔 보
이는 야생 보리수는 키가 크게 자라는 다른 나무에 치여
제대로 익지 못하는 것으로 보인다. 그 보리수나무는 이미
고인이 된 동생이 심었다.

사람은 가고 없는데 보리수 열매는 지천으로 열려서 동
생을 생각하게 만든다. 수확도 제대로 하지 않으니 미안
한 마음이 든다. 그래도 산딸기 익는 시절에 잘 익은 보리
수를 따서 입원해 있던 동생에게 갔던 기억이 난다. 기뻐
하던 동생의 모습, 그때의 모습이 눈에 선하다. 올해에는
보리수 열매를 따서 보리수 청을 만들든, 술을 담그든 해

봐야겠다. 두고두고 먹으며 동생 몫까지 열심히 살아야 할
것이다.

　카르페 디엠!

04 알밤 줍기

8월 말이다. 올밤나무가 알밤을 떨어트릴 때가 되었다. 참으로 세월이 빠르다. 작년에 알밤톨을 주우며 즐거워했던 일이 엊그제 같은데 벌써 알밤을 주울 때가 되다니, 세월의 빠름에 무정함을 느낀다.

은퇴 후 등산하는 대신에 임도를 트레킹하는 재미에 빠졌다. 등산은 험로를 걸어야 하고 시간도 오래 걸려서 임도 트레킹을 하게 되었다. 다행히 90년대 이후 임도를 많이 개설하여 다양한 임도를 걷는 즐거움을 누리고 있다. 임도 개설 목적 중의 하나로 국민의 여가생활에 기여한다는 조항이 있는데, 임도 트레킹하는 사람들을 만나기 힘들다.

임도를 개설한 지 20여 년이 지난 길이 많아 나뭇가지들이 그늘을 만들어 여름에도 상쾌하게 트레킹할 수 있다. 가을이 가까이 오면 도토리들이 떨어지기 시작하고, 가끔 알밤이 떨어져 있는 경우가 있다. 그럴 때마다 내 눈이 반짝인다. 다시 어린 시절로 되돌아간 느낌이다.

윤이 자르르 나는 알밤, 나도 모르게 손이 간다. 문득 주인이 있는 밤나무에서 떨어진 밤이 아닐까 염려되어 알밤을 떨어트린 밤나무를 쳐다본다. 재래식 밤나무이고 관리한 흔적이 보이지 않는다. 길 이곳저곳을 지나간 자동차에 으깨진 밤톨들이 보인다. 내가 줍지 않으면 으깨지거나 다람쥐 밥이 될 가능성이 크다. 몇 톨 주워서 올해의 가을 정취를 맛보는 호사를 누린다.

임도 트레킹을 오래 하다 보니 이때쯤 어디 가면 알밤이 떨어져 있을 것이라는 사실을 짐작할 수 있다. 밤은 올밤, 늦밤으로 1개월 정도 떨어진다. 이른 가을을 보내는 조그만 즐거움이다. 밤은 먹는 즐거움보다 줍는 즐거움이 더 크다.

10여 년 전, 나와 친했던 교수와 나누었던 이야기다. 그 교수님은 서울 토박이로 경기고, 서울공대, 카이스트, 국비유학으로 기계공학으로 유명한 미시간대학을 나온 교수님이다. 초가을에 밤 이야기를 꺼내니 "밤은 맛이 별로다."라고 하였다. 그 말을 듣자마자 나는 "밤은 먹는 재미보다 줍는 재미가 더 크다."라고 말하였다. 그러자 그 교수님은 묘한 표정을 지었다.

시골에서 자라지 않은 분들은 밤 줍는 즐거움을 누려보지 못했으니 당연히 밤 줍는 기쁨을 알지 못할 것이다. 어린 시절 9월이면 밤나무 밑으로 새벽에 나간다. 조금 늦게 나가면 누가 주워 갈세라 어둠이 가시기 전에 나섰던 기억이 난다. 특히 남부지방을 강타한 사라호 태풍 때의 밤 줍던 기억이 평생 잊히지 않는다.

사라호 태풍은 59년 추석 낮에 남부지방을 강타하였다. 특히 내 고향 양산은 북상한 사라호 태풍이 영남 알프스 1,000m 고산에 막혀 폭우가 내렸다. 당시의 주 연료인 장작 확보를 위한 벌목으로 고향 주위 산들은 민둥산들이었다. 양산천 물이 고향마을을 감싸고 있던 둑을 무너뜨렸다. 동네 가운데에 있던 논으로 시뻘건 황토물이 태평양처럼 흘러들어왔다. 조금 있으니 초가지붕들이 두둥실 떠내려가는 모습이 보였다. 그 모습을 바라보는 아랫동네 사람들이 일제히 울음을 터뜨렸다.

다행히 태풍은 오후가 되니 잦아들었다. 마을 사람들이 태풍 뒤의 어수선함에서 벗어나지 못하고 있는 사이 갑자기 알밤 생각이 났다. 태풍에 알밤들이 많이 떨어졌을 것

으로 짐작되었다. 평소에 보아 두었던 밤나무 밑으로 갔
다. 예상했던 대로 알밤들이 소복하게 떨어져 있었다. 한
바가지 가까이 신나게 주웠다. 주운 밤을 가지고 의기양양
하게 집에 왔더니 "이 난리판에 밤을 주울 생각을 하다니."
라고 핀잔을 하였다. 그 핀잔을 하였던 분들은 이제 아무
도 이 세상에 안 계신다.

당시에는 땅에 떨어진 알밤을 주워가도 탓하지 않던 시
절이었다. 알밤이 어느 정도 떨어지면 밤송이들을 털어서
수확하였다. 요즈음 직업적으로 밤농장을 하는 농부들은
밤송이를 힘들게 털어서 수확하지 않는다. 알밤이 떨어지
는 것을 기다렸다가 수시로 주워서 수확한다. 이렇게 하면
풋밤 상태로 수확되는 경우가 없다. 철조망을 쳐서 사람들
의 출입을 막는 경우가 많다.

어느 미세먼지 가득 낀 날, 섬진강변 지리산 서쪽 산록
에 트레킹 갔던 기억이 난다. 아마도 88고속도로가 대구
광주 고속도로로 확포장된 지 얼마 안 된 봄날이었을 것이
다. 고령 대가야읍에서 1박하고 아침에 신나게 주행, 완주
순천고속도로로 진입하여 구례로 나왔다. 구례에서 점심

을 먹고 지리산 어느 계곡에 개설된 임도로 트레킹하였다. 계곡 중간쯤 제법 큰 마을이 있었다. 그런데 논밭이 전혀 눈에 띄지 않고 일정하게 규격화된 나무들이 도열하고 있었다. 밤나무들이었다. 이 마을 사람들은 밤으로 살아가는 그야말로 밤마을(栗里)이다. 마을 뒤에도 밤나무숲이 있었고, 잘 정비된 농로가 연결되어 전형적인 율리라고 할 수 있다. 특이한 점은 곳곳에 집충(集蟲)등이 설치되어 있다는 점이었다.

우리나라 곳곳에 '율리'라는 마을이 많다. 그런데 밤나무들은 눈에 띄지 않는다. 밤나무는 수명이 짧다. 특히 50년대 이후 밤나무혹병이라 하여 재래종 밤나무는 거의 전멸하였다고 한다. 그 이후의 밤은 일본에서 들어온 병충해에 강한 개량종으로 바뀌었고, 재래종은 숲속에 자생하는 알이 작은 밤나무만 있다고 한다.

앞에서 말한 미시간대학 공학박사 교수님은 내가 제1의 은퇴하는 달 안타깝게도 마지막 은퇴를 하셨다. 정년을 7년이나 남겨놓은 나이에 소천하셨다. 제1의 은퇴는 사회가 강요하고, 제2의 은퇴는 자신이 하고, 마지막 은퇴는 하느

님이 데려가신다고 한다. 임도 어느 곳에서 알밤을 주우
니, 알밤 줍기를 해보지 못하시고 마지막 은퇴를 하신 교
수님이 몹시 그립다.

05 오디

오디는 뽕나무 열매이다. 뽕나무의 잎을 뽕이라 하며 누에의 먹이다. 70년대까지 우리나라에 양잠을 어느 정도 하였으나, 중국이 세계시장에 참여함으로써 거의 사라졌다.

부산 거제리 대로변에 조선견직이라는 큰 공장이 돌아가고 있었고, 그 북쪽에 잠사검사소라는 건물이 있었다. 조선견직 자리에 아파트가 들어서고, 잠사검사소는 농지 소유자가 농사를 짓고 있느냐 여부를 조사하는 기관으로 바뀌었다. 나일론을 시작으로 각종 화학섬유의 출현도 견직의 위치를 크게 잠식하였을 것이다.

밀양과 상주에 잠사고등학교가 있었고 그것이 2년제 대학, 4년제 대학으로 승격하여 밀양대학, 상주대학이 되었다. 이러한 사실을 보면 당시의 우리나라 누에의 위상을 짐작할 수 있다. 두 대학은 각각 부산대학교 밀양 캠퍼스, 경북대학교 상주 캠퍼스가 되었다. 당시 부산대학교 총장은 학생의 질에 대해서는 전혀 감각이 없는 것 같았다. 지난해 의과대 졸업생들이 의과대학 400명 증원에 항의하여 의사고시에 응시하지 않았다. 젊은 시절 1년이 얼마나 소중하냐! 그 결과 전국의 대부분 의대 입결이 서울공대 입결보다 높게 되었다.

'상주 삼백(三白)'이라는 말이 있다. 상주는 낙동강 연변에 들이 넓어 쌀이 많이 나고, 상주 곶감이 유명하다. 누에도 많이 난다고 한다. 누에치기는 옛 함창고을, 영강 제일 지류 이안천 연변에서 주로 쳤다. 지금도 함창읍에는 소규모 견직이 이루어지고 기념관이 있다. 상주는 평야도 넓고 잠사, 감나무, 포도를 생산할 정도로 넓은 고을이다. 조선조 초기까지 경상감영이 상주에 있었다.

최근에는 뽕나무는 누에를 치기 위해서 심는 것이 아니고 오디를 수확하기 위해서 많이 심는다. 개량종으로 열매가 크고 많이 열린다. 오디가 항산화 작용이 있어서 인기가 있다고 한다. 블루베리 비슷하고 맛도 있는 편이지만 너무 물러서 보관성이 떨어진다. 열매가 흰색으로 변하는 병이 심해서 시장에서 파는 오디는 선뜻 손이 가지 않는

것이 단점이다. 산골 거처 근처에 오디 수확용 뽕나무 3그
루가 자라고 있다. 농약을 치지 않아 어김없이 열매가 허
옇게 변한다. 기온이 조금 올라가면 제대로 된 열매를 조
금 구경할 수 있다.

　6년 전 전염병 메르스가 유행하여 세상이 뒤숭숭할 때
경북 산골 지방 여행을 감행하였다. 7번 국도를 주행하여
34번 국도로 들어갔다. 전염병이 유행하는 초기라 도로에
는 자동차가 별로 없었다. 영덕군 지품면에 가니 폭포가
있고 조그만 공원이 꾸며져 있다. 이럴 때 단독 여행하는
기분이 난다. 세상은 결국 단독이라는 기분, 세상의 풍경
과 내가 맞상대한다는 기분, 묘한 기분이 온몸을 감싼다.
지품면 협곡에 있는 용추폭포 휴게소를 지나 얼마 안 가면
911번 도로를 만난다. 911번 도로에 진입, 계곡을 한참 지
나면 석보면 소재지에 도착한다. 석보면 소재지 동쪽에 기
와집들이 넓게 들어서 있다. 두들문화마을이라 하여 주로
이문열 작가를 위한 마을이다. 이문열 작가의 연혁과 작품
들을 나열하여 전시하고 있다. 작가의 작업실도 마련하였
으나 서울 근교에 있는 작업실에서 주로 집필활동을 한다
고 한다.

영양읍으로 가는 군도로 주행하여 소계터널을 지나면 영
양읍이다. 영양군은 육지부 군중 인구 2만이 되지 않는 유
일한 고을이다. 영양읍 중심부 언덕에 6·25전쟁 중 영양
군 출신 전사자 명단이 있는 공원이 있다. 그 옆에 70년
대 화전민 정리 대장이 전시되어 있었다. 화전민들의 대부
분은 조선 말기 3정 문란 시절, 산으로 호구지책을 찾아서
간 사람들일 것이다.

영양 읍내에 숙박시설이 대여섯 곳이 있었고 호텔 못지
않은 대형 모텔도 있었다, 나처럼 산골 오지를 좋아하는
사람들이 많다는 것을 증명한다. "인생은 왜 사는 것이 아
니고 그냥 사는 것이다. 왜 사는 것이 문제가 아니고 어떻
게 사는 것이 문제다."라는 법륜 스님의 말씀이 생각났다.

다음날 지도상 오지 중의 오지로 보이는 영양군 청기면
에 갔다. 예상대로 인가는 별로 보이지 않고 작물들이 자
라고 있는 밭들이 계속되었다. 조금 넓은 곳에 청기면 소
재지가 나타났다. 청기면 사무소에는 대여섯 명의 공무원
이 고개를 숙이고 근무하고 있었다. 상점 겸 식당이 면사
무소 앞에 하나밖에 없었다. 그 상점에서 평소 먹고 싶었

던 과자를 샀다. 비만에서 헤어나지 못해 식사를 하지 않아야 먹는 호사를 누렸다.

911번 도로를 주행하여 918번 도로로 바꿔서 주행한다. 봉화에서도 오지로 유명한 재산면을 거쳐 933번 도로를 만나 남쪽으로 내려오면 안동시 예안면에 도달한다. 예안면은 예안고을이었는데 1914년 안동에 합병되었다. 낙동강 상류의 넓은 평야지대가 안동호에 들어가고 산골 골짜기만 남게 되었다. 안동시 월곡면은 수몰로 폐면이 되고 월곡면 소재지에 예안면 사무소가 들어서게 되었다. 대신 초등학교 명칭은 월곡초등학교로 하였다.

예안면 인구가 2,000명이 채 되지 않을 정도다. 예안농협 사무실과 하나로 마트가 한 방에 있었다. 점심을 평소에 먹지 못하던 빵, 아이스크림으로 때웠다.

큰마음을 먹지 않으면 결코 갈 수 없는 곳을 이틀에 걸쳐 여행하였다. 여기에 6월이 주는 큰 선물이 있었다. 경치가 좋은 계곡이 나타나면 차를 세우고 농로를 걷는다. 걷다 보면 제법 큰 뽕나무들을 만난다. 산촌에서 누에를 많이 친 증거이다. 오디가 새카맣게 땅에 떨어져 있다. 야생 오디보다는 크고 개량 오디보다는 작다. 그런데 희게 변한 오디는 별로 보이지 않는다. 노인들만 계시고 아이들이 없으니 오디에 신경 쓰는 사람들이 없다.

오디를 양껏 따 먹는다. 세상에 사는 방식에 잣대가 하나만 있는 것이 아니라는 사실을 절실히 느낀다. 푸른 하늘과 푸른 들판, 그리고 새카만 오디가 나를 한없이 즐겁게 한다.

06 참감

가을이 왔다. 농막 주위에 있는 참감나무 몇 그루에 참감이 주황색으로 익어가고 있다. 오늘은 날씨도 좋고 하여 참감을 따기로 하였다. 감을 따기 위해 바라보는 참감나무 가지 사이의 열매들과 푸르디푸른 가을 하늘이 조화를 이루어 나의 기분을 고양시킨다. 이맘때쯤 누리는 조그만 사치이다.

참감은 우리나라 재래종 감이다. 시골집 마당 구석이나 텃밭 한쪽에 몇 그루씩 심는 것이 일반적이다. 내 고향 옛집 뒤 텃밭에도 늙고 젊은 감나무 다섯 그루가 있었다. 9월이 되면 밤중에 떨어진 감을 주우러 다니던 기억이 난다. 아직도 풋감인데 그것들을 주워서 홍시가 되도록 기다리던 기억이 새롭다. 당시에는 과일 하면 참감, 밤이었다. 어렸을 때 가을이면 풍성하게 떨어져·밤 줍는 기쁨을 주었던 밤나무는 수명이 짧아 사라지고, 감나무 한 그루는 아직도 고향 옛집에 있다.

고향 옛집 옆에 있는 텃밭, 나를 무척 아껴 주셨던 할머니께서 평생을 엎드려 일하시던 텃밭 구석에 다섯 그루 중 한 그루, 그것도 가장 늙은 참감나무가 남아 있다. 추석에는 반드시 찾아가 옛 기억에 잠긴다. 감나무는 여전히 살아서 꿋꿋하게 서 있는데 그 나무 주위를 맴돌던 사람들, 특히 할머니 생각에 한동안 감나무 주위에 머문다.

계곡 트레킹을 하다 보면 잡목에 둘러싸이고 칡넝쿨에 덮인 참감나무가 서 있다. 특히 만추에 그 악조건에도 가지에 주황색으로 익어가는 참감이 달려 있다. 이촌 현상으로 집도 없어지고 텃밭도 묵혀졌지만 참감나무만 남아 악전고투하고 있는 것으로 보인다. 사람이 살았다는 흔적이 참감나무로만 남은 꼴이다.

30여 년 전 지금 농막이 있는 땅을 구하기 전 잡목에 둘러싸인 참감나무, 돌보지 않는 감나무의 감을 조금 따다 배낭에 넣어 기쁜 마음으로 내려오던 기억이 눈에 선하다. 옛 고향집은 이미 남의 손에 넘어가고, 어릴 때 감나무에 올라가 감을 따던 기억이 살아나 나도 모르게 감을 땄던 것이다. 비록 숲속에 방치되었지만 내 감이 아니니 긴장 속에서 감을 조금만 따서 누가 볼세라 배낭 속에 감추고 급히 내려오던 기억이 엊그제 같다.

요즈음 참감을 새로 심는 사람은 거의 없고 옛날에 심었던 참감나무는 전지(剪枝)를 하지 않으니 너무 높게 자랐다. 낮은 가지에 있는 감 일부만 수확하고 높은 가지에 달린 감은 수확을 거의 포기한다. 특히 숲속에 둘러싸인 참감은 거의 수확하지 못하고 까치밥이 된다. 농막 주위에 있는 분들은 낮은 곳의 감도 수확을 포기한 것으로 보인다. 밀감, 포도, 바나나 등 옛날에 흔하지 않던 과일들이 범람하니 상품성이 떨어진 것이다. 옛시조에 나오는 조홍감은 참감 홍시였을 것이고 우리 조상님들이 즐겨 드시던 과일이 아니던가?

참감은 생명력이 강하다. 어릴 때 참감나무에 거름을 주는 것을 본 적이 없다. 농약은 아예 치지 않는다. 그래도 해마다 가을이면 감이 열린다. 해거리해도 꽤 많이 열린다.

여행하다 보면 사과나 복숭아, 자두 등은 엄청나게 농약을 친다. 수동식 분무기, 기계식 분무기, 요즈음에는 조그만 트럭 같은 농약살포기가 구름처럼 농약을 살포한다. 청도계곡에 가면 계곡 내 조건이 안 좋은 논밭은 거의 반시 과수원이다. 여름에 보니 반시 감나무 잎에 얼룩이 져 있었다. 내려오다 보니 경운기와 연결된 분무기로 높은 나뭇가지를 향해 농약을 발사하고 있었다. 무공해 과일은 참감밖에 없는 것으로 보인다. 옛 향수와 무공해 과일을 원한다면 단연 참감을 들고 싶다.

농막에 딸린 밭에 단감나무를 심었다. 비료도 주고 전지, 풀베기를 하여도 9월 중순이면 단풍이 들기 시작하여 10월 초만 되면 잎이 거의 다 떨어진다. 단감 열매도 반 이상 붉게 물러져서 떨어진다. 창원이나 진영 근처 고속도로변 단감나무들은 11월 말이 되어도 잎이 붙어 있다. 두 달 앞서 잎이 떨어지는 것이다. 농약 살포를 하지 않으면 그렇다고 하였다.

고향 앞산 산업단지에 수용된 단감 과수원이 있다. 10월 중순에 가보니 단감들이 모두 붉게 물들어 있었다. 수용된 뒤 1년 동안 비료도 주지 않고 풀도 베지 않아서 단감 열매가 빠짐없이 물러지는 참담한 결과를 가져온 것이다. 농막 근처에 있는 어떤 참감나무는 십수 년 방치되어 칡넝쿨로 덮였다. 칡넝쿨이 덮이지 않은 참감나무 가지에는 주황색 감들이 가을햇살에 반짝이고 있었다.

참감을 하나씩 딴다. 옛 생각, 특히 할머니 생각이 많이 나지만 십여 개 이상 따니까 감 따는 기쁨 자체에 몰입이 된다. 몇백만 년 계속되어 온 채취 경제 본능이 살아나는 것 같다. 비록 상품 가치가 없어도 감 따는 일 자체는 내 DNA에 남아 있는 원초적 본능을 일깨우는 것이다. 작년 한 해에 형님과 동생을 하늘나라에 보낸 슬픔, 은퇴 뒤의 허전함, 비만에서 헤어나지 못하는 안타까움 등을 잊고 참감을 딴다. 파란 하늘은 옛날이나 지금이나 다름이 없다. 참감나무 가지 사이로 흰 구름이 흘러간다.

07 나무 보일러

기억이 난다. 아침을 먹고 나면 지게를 지고 먼 산을 향해 힘들게 올라갔다. 아버지께서 일찍 돌아가셔서 어릴 적부터 나는 나무를 하러 다녀야 했다. 하루 종일 산속을 헤매며 지게에 나무를 싣고 해가 넘어갈 무렵 산에서 내려오던 기억이 생생하다. 특히 겨울이면 군불을 때어야 했기 때문에 상대적으로 나무를 하러 산을 오르던 일이 일상이었던 시절이었다.

나는 지금 양산시 고향 근처 산골에 거주하고 있다. 그러니 지금도 나무가 필요하다. 나무 보일러로 난방을 하기 때문이다. 한 시간 정도 지게를 지면 대여섯 번 정도 짐을 지고 올 수 있다. 농사일이 별로 없는 겨울이라 운동이라 생각하며 상쾌하게 나무하는 일을 즐긴다.

나무는 40~50년 전까지 우리나라의 주 연료였다. 조선 말기까지 인구가 그다지 많지 않아 산은 크게 황폐화되지 않았다. 위생 상태가 좋아져 인구가 늘고 산업화가 됨에 따라 도시가 커졌다. 도시 근처의 산부터 황폐화되기 시작하여 벌거숭이산이 생기기 시작하였다. 땔나무만 해서 먹고사는 나무꾼도 꽤 있었다. 주거의 조건에서 땔나무 취득의 난이도도 큰 부분을 차지하였다. 나의 외가는 양산 물금 범어이다. 30년대 토지개량 사업에 의해 논이 엄청나게 늘어났는데도 불구하고 산 쪽인 석계 근처로 시집을 간다고 하니, 모두들 어머니를 부러워하였다고 한다.

양산의 인물들은 대부분 양산천 하류 토지개량 지역에서 나왔다. 논이 갑자기 늘어도 옛사람들은 이동을 잘 하지 않았다. 당시 주 생산 수단이던 논이 상류 지역에 비해 엄청나게 많았다. 그것이 해방 후 토지개혁에 의해 자기 논이 된 것이다. 이동을 하지 않은 큰 이유 중의 하나는 땔나무 취득 난이었을 것이다. 거기에서 자란 사람들의 말에 의하면, 땔나무 하는 거리는 20리는 기본이어서 도시락을 사서 하루 종일 나무를 지고 내려왔다고 한다.

6·25전쟁 피난민에 의해 30만이 채 되지 않았던 부산 인구가 100만을 훌쩍 넘었다. 부산과 인접해 있는 양산의

나무들이 수난의 대상이 된 것이다. 큰 골짜기마다 임도가 생기고 제무시(GMC트럭)가 들어가기 시작하였다. 골짜기에 들어찼던 나무들은 알뜰히도 벌목되었다. 밑동이 굵은 부분만 취하고 나머지는 방치되었다.

양산천은 원래의 강폭보다 2~3배 넓어졌다. 해마다 태풍이 오니 나무가 없어진 골짜기에서 범람하였기 때문이다. 당시에 큰비가 오면 제방에 나가서 물 구경하는 것이 대단하였다. 양산천 가득히 내려오는 누런 흙탕물, 장관이었다. 사라호 태풍이 왔다. 방치된 나무들과 뿌리째 뽑힌 나무들이 떠내려왔다. 고향 마을 근처 유일한 다리에 나무들이 걸렸다. 일시적 댐이 되었다가 다리가 붕괴되었다. 그 물이 고향 동네를 보호하던 제방을 덮쳤다. 태평양 같은 흙탕물이 흘러왔다. 두둥실 초가지붕들이 떠내려갔다. 고향마을 집들이 3분의 1이 떠내려갔다. 그 광경을 보고 있던 아랫마을 사람들이 일제히 울던 모습이 눈에 선하다.

나무는 지속 가능 에너지이다. 산림녹화 사업 40여 년에 산마다 나무들이 울창하다. 정부에서 계획을 세워 간벌 작업을 한다. 간벌을 하지 않으면 가지끼리의 다툼, 그것보다 뿌리끼리의 다툼으로 나무들이 제대로 자라지 못한다고 한다. 간벌목은 임도와 가까운 곳을 제외하고 대부분 방치된다. 방치하여 썩으면 그것을 태울 때만큼 탄산가스가 나온다고 한다. 간벌목과 도태목을 나무 보일러에 이용하는 것도 기후 온난화 방지에 기여하는 셈이다. 1년 동안 지상의 식물들이 탄소동화 작용하는 에너지양이 지하에 묻혀 있는 화석연료와 거의 맞먹는다고 한다.

보일러에 불이 붙었다. 나무 보일러는 어지간히 굵은 나무도 쪼개지 않고 그냥 넣는다. 연소실 내 온도가 높아 밤새도록 탄다. 참나무 굵은 토막을 넣으면 다음 날 오전까지 탄다. 약간 귀찮기는 하지만 활활 타는 불을 보면 즐겁기도 하다. 기름 보일러나 가스 보일러는 불타는 광경을 보지 못하니 수만 년 동안 누려온 불 지피는 정취를 맛보지 못한다. 매일 캠프파이어를 즐기는 사치를 누리고 있는 것이다.

08 손자 사랑

　나는 아직 손자가 없다. 정년으로 은퇴한 지 수년이 지났는데 손자가 없으니, 앞으로도 언제 손자를 볼지 알 수가 없다. 그러나 손자로서 많은 사랑을 받았고 또 손자 사랑을 하고 있으니 불만은 없다. 돌아가신 할머니를 생각하고, 내 곁에 있는 나현이를 생각하니 눈물이 핑 돈다. 이 글을 쓰기 위한 브레인스토밍을 위해 고향에 있는 농막 근처를 트레킹하니 한창을 자랑하는 단풍 든 풍경들이 제대로 보이지 않는다.

　할머니께서는 나를 유달리 편애하셨다. 살아 계실 때는 크게 의식을 못 했지만, 세월이 지나 지금 생각하니 무척 고맙고 그립다. 아무리 그리워도 이제 할 수 있는 일은 아무것도 없다.

　내가 우리 나이로 일곱 살, 만으로 여섯 살 때 아버지께서 하늘나라로 가셨다. 초등학교 입학하기 1년 전에 돌아

168

가셔서 가여운 처지에 빠진 것이다. 할머니 입장에서 보면 몇 년 사이에 큰아들인 백부님, 남편인 할아버지, 작은아들인 아버지가 차례로 돌아가시는 불행을 당하신 것이다. 아들을 얻기 위해 천성산(922m) 정상 너머에 있는 미타암에 공을 들이고 얻은 아들 둘을 보내는 불행을 당하신 것이다. 어렵게 얻은 아들 둘을 모두 잃은 심정이 어땠을까?

나는 그때 불경하게도 아버지가 돌아가신 의미를 몰랐다. 네 살 위인 형님께서 괴로운 표정을 지으시는 의미를 이해하지 못했다. 형님께서 돌아가실 때 손녀들이 일곱 살인데, 할아버지가 돌아가신 의미를 이해 못 하는 것을 보고 조금은 이해가 되었다. 위로 아홉 살 위인 누님과 네 살 위인 형님이 계셨고, 밑에 네 살과 여섯 살 아래 어린 동생들이 있었다. 나는 미운 일곱 살, 미움을 받을 수 있는 나이였다. 뒷집에 살던 동급생 여학생이 뒤에 상기시킨 말들, 지금 기억하고 싶지 않다. 그러나 뒤에 어머니께서는 나에게 아주 고맙게 하셨다. 시골 농고에서 마산고, 진주고 상위권 출신들이 우글거리는 학과에 합격하여 고향 마을의 전설이 되었으니 대견하게 생각하였고, 고향 마을 사람과 친척들에게 얼굴을 들게 만들었으니 유일하게 효도한 일이었다.

중간에 끼어 핍박당하는 손자를 보고 보호본능이 발동되었을 것이다. 늦게 얻은 아들 둘을 모두 잃은 쓸쓸함이 손자에 대한 측은지심으로 나타난 측면이 있는 것으로 추측된다. 하교할 때 할머니만 계시면 안심이 되고 기분이 좋았던 추억이 있다. 이심전심으로 할머니에 대해 애틋했던 어린 시절, 참으로 세월은 무심하게 흘러가 입대할 날이 되었다.

할머니께서는 입대하지 말라고 하였다. 구순에 가까운 나이에 건강이 좋지 않아 이제 얼굴을 볼 수 없는 것이 거의 확실하니 입대하지 말라고 하시며 우시었다. 그것이 할머니와 마지막이었다. 안됐지만 국가의 부름을 거역할 수 없으니 눈물을 삼키며 집을 나섰다. 입대 후 첫 편지가 왔을 때, 나한테서 편지 왔다고 하니 할머니께서 "성수, 성수"라는 말을 되뇌며 운명하셨다는 말을 전해 듣고 무척 마음이 아팠다.

내가 입대할 때 고학력자를 전방에 보내어 인생의 엄숙함을 맛보게 하라는 지침이 있었다. 대학 재학생들이 전방 부대에 많이 배치되었다. 나는 전방에 가까운 포병대대에 배치되어 각오를 단단히 하고 군대 생활을 시작하였다. 군대 입대 전에 축농증으로 고생을 많이 하여 군대 생활 중에 축농증을 치료하였으면 하는 바람을 가지고 있었다. 대대 의무대에 가서 몇 번 이야기하였으나 소식이 없었다. 나중에 대대 군의관이 부산의대 출신이라는 이야기를 들었다. 부산대 재학 중에 입대하였다는 말을 하였더니 그다음 날 후송이 허락되었다.

당시에 국내 의과대학은 서울에 5개 교, 지방에 3개 교 총 8개 교가 있었다. 8분의 1의 확률 나는 아직도 할머니의 간절한 바람이 가져온 행운이라고 생각한다. 후송병원에 입원하여 수술도 하고 몇 개월 동안 미제 약을 투약하여 축농증은 깨끗하게 치료되었다.

그때 복무기간은 3년에 가까웠다. 제때 복학이 되지 않아 군대 생활을 4년 한 셈이 되었다. 복학 이후 축농증을 치료한 덕인지 공부는 할 만하였다. 반에서 풀리지 않는 문제들은 돌고 돌아 결국 나에게 왔다. 몇 번 해결하니 동급생들이 몰려드는 것이었다. 동급생 사이에 나 같은 사람이 모교 교수가 되어야 한다는 말이 돌았고 은사님 사이에서도 묵인이 되었다. 그런 분위기가 되니 나와 어머니도 욕심이 생겼다. 이 일련의 일들은 돌아가신 할머니의 간절한 바람의 덕이라고 생각하고 있다.

긴 군대 생활과 대학원 수학, 늦은 결혼, 늦은 출산 등으로 30대 후반에 첫딸을 보았다. 소아과 의사가 나를 보자고 하였다. 아이가 다운증이라는 청천벽력 같은 선언을 하는 것이 아닌가. 부산의대 출신이라 의학 원서를 보여주며 자세히 설명하였다. 귀에 들어오지 않았다. 그 아이가 내 첫애 강나현이다. 처음에는 걱정이 많이 되었지만 마음을 비우고 나니 그렇게 귀여울 수가 없다. 현재 30대 중반의 나이인데 20대 중반 정도로 보이고 지능은 7~8세 정도이다. 나에게 딸인 동시에 손녀 역할을 톡톡히 하고 있다.

세상을 사는 데 잣대가 하나만 있는 것은 아닌 것 같다. 대학원 제자들은 이제까지 남학생들이었다. 결혼하면 예외 없이 분가한다. 그러면 손자들은 가뭄에 콩 나듯 보게 된다. 어떻게 보면 손자가 있어도 큰 의미가 없다. 초등학교 시절, 아직 전쟁의 상처가 아물기 전에 외국인들이 정신지체 장애인들을 입양하기를 원한다는 이야기를 들은

적이 있다. 현재도 장애아들은 국내 입양은 되지 않고 외
국으로 입양된다고 한다. 지금 이해가 된다. 사람에게는
보호본능이 있다. 그것은 사랑의 가장 원초적 본능이 아
닐까? 할머니의 나에 대한 손자 사랑, 나의 나현이에 대한
딸인 동시에 영원히 어린 딸에 대한 유사 손자 사랑, 이렇
게 세월이 흘러가고 있다.

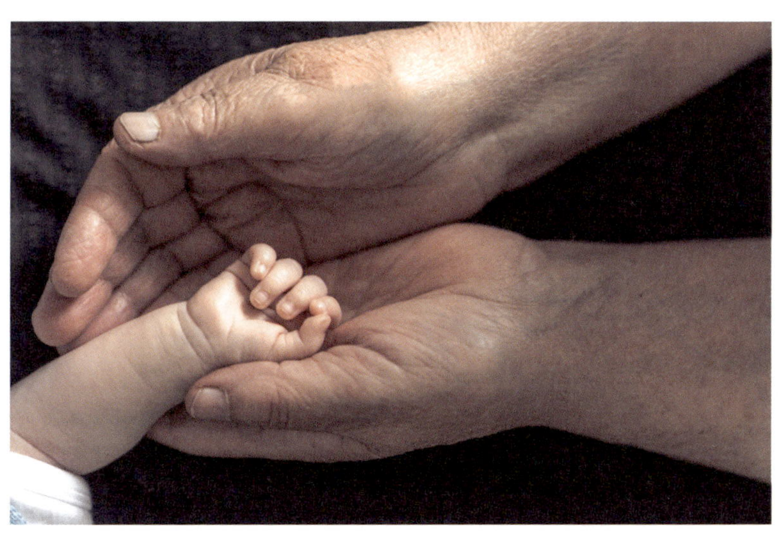

09 아빠, 택배 가자

무척 더운 여름날이었다. 아마 그해 중 가장 더운 날이었을 것이다. 고향에 마련한 조그만 거처에 가기 위해 경부고속도로에 들어갔다. 하늘을 바라보니 뭉게구름이 점점이 떠 있다. 그냥 거처로 가기에는 너무나 아까운 날씨였다. 문득 도보 여행가 신정일 씨가 말한 가송리가 떠올랐다. 가송리 근처가 낙동강 천사백리에서 가장 경치가 좋다고 하였다. 며칠 전 비가 와서 강물도 적당히 흐르고 있을 것으로 예측되었다.

거처로 가는 양산 나들목을 나도 모르게 지나쳤다. 맑은 하늘과 뭉게구름, 그리고 더운 날씨가 나로 하여금 고속도로로 계속 달리게 하였다. 영천 나들목으로 나와 35번 국도를 탔다. 내가 가장 좋아하는 코스 중 하나이다. 길안천을 따라서 달리는 국도는 환상적인 길이다. 작년 영천–상주 고속도로가 개통되어 매력이 약간 떨어졌다. 대구 시내를 통과하는 답답함을 피해서 즐겨 달리는 길이기도 했다.

내 옆에는 나의 사랑스러운 큰딸 나현이가 앉아 있었다. 나현이는 다운증으로 정신지체 2급이다. 장애인 학교 12년을 다녀 한글도 읽을 줄 알고 어지간한 노래도 따라 부른다. 처음에는 근심이 많았지만, 마음을 비우고 나니 그렇게 귀여울 수가 없었다.

내가 기대하지 않았던 작은 몸짓이나 말을 할 때도 기쁨을 주었고, 평생 7~8세 아이로 멈춰서 나를 즐겁게 하고 있는 것이다. 다행스러운 점은 나현이가 여행을 좋아한다는 것이다. 지금도 수시로 "아빠, 여행 가자."라고 한다.

나는 젊어서부터 등산과 여행을 좋아했다. 지리 지식은 한번 들으면 거의 잊지 않았다. 불행하게도 아내는 장거리 여행을 싫어한다. 그래서 몇 년 전부터는 나현이와 여행을 다니고 있다. 나현이가 정상(正常)으로 태어났다면 자기 살 길을 찾아서 떠났을 것이 아닌가?

길안천이 잘 보이는 곳에 천지갑산 휴게소가 있다. 이름처럼 주위 산세도 좋아 즐겨 이용하는 휴게소이다. 휴게소에서 점심을 먹는데 날씨가 너무 더웠다. 휴게소에서 나와 길안천을 따라 계속 달려 안동 시내에 도착하였다.

　시내를 통과하여 35번 국도를 한참 달리니 낙동강 상류에 도착하였다. 가송리이다. 강물은 예상대로 보기 좋을 정도로 불어 있었다. 맞은편에 정자가 있고 푸른 산과 푸른 강물이 어울려 환상적인 풍경을 나타내었다. 여기가 청량산 남쪽 끝과 낙동강이 만나서 이러한 경치를 나타낸다고 한다. 여기서 도산서원까지 경치가 좋다고 하나 날씨가 너무 더워 계획했던 트레킹을 포기하였다.

　낙동강을 따라 조금 달리니 낙동강은 보이지 않고 산악지대를 통과하였다. 한참을 달리니 한층 좁아진 낙동강이 나타났다. 낙동강 본류인 황지천과 철암천이 합쳐져 비로소 낙동강으로 부른다. 하루를 달려 낙동강 최상류에 도착한 것이다. 일단 나서면 올 수 있는데 망설이다가 그 기회를 계속 놓치고 마는 것이 인지상정이다. 바람의 딸 한비야 씨의 말이 생각났다. "여행을 갈까 말까 망설여질 때는 무조건 가라."는 말. 이제 은퇴하였으니 그렇게 해야겠다고 다짐해 본다.

여기가 태백시이다. 태백시는 90년대 초 석탄산업 합리화 정책이 집행되고 얼마 되지 않은 시기에 와 보고 처음 온 셈이다. 인구는 반 이상 줄었지만, 시가지는 많이 정비되었다. 탄광산업이 없어져서 관광산업에 올인하는 모양새이다. 산소도시, 고원도시, 태백산의 도시 등으로 불린다. 태백역 근처에 여관촌이 있고, 먹자골목도 꾸며놓았다. 황지도 이 근처에 황지공원으로 불리며 '낙동강의 원류 황지'라고 큼직하게 비석에 새겨놓았다.

이러한 사실은 당시에 몰랐다. 날은 저물어 숙소를 찾아 한참을 헤매어 겨우 조그만 숙소를 찾았다. 나현이가 초조한 표정을 짓는 것을 보니 안타까웠다. 숙소에 차를 파킹하고 근처 식당에서 식사를 하였다. 낯선 도시에 차를 파킹하고 저녁 반찬을 안주로 소주 한 병 먹는 기분, 그것은 어느 고급 술집에서 먹는 것 이상이다. 이러한 기분은 여행을 좋아하는 사람은 누구나 느끼는 기분이다.

나현이는 무엇이든 맛있게 잘 먹는다. 술 한잔하면서 밥 먹는 모습을 보는 즐거움, 이 맛에 여행을 하는 것이다. 특히 고립무원 낯선 곳에서 나현이와 단둘이서 식사하는 기뿜, 보호본능이 저절로 발동되는 셈이다.

숙소에 돌아와 보니 방에 에어컨이 설치되어 있지 않았다. 주인아주머니에게 물었다. 태백에는 모기도 없고 에어컨도 필요 없다고 한다. 어디서 들은 것 같기도 하였다. 방에 들어와 창문을 열어 놓으니 별로 덥지 않았다. 고원에 올라온 기분이 들었다. 하기야 태백시는 한강과 낙동강의 원류가 다 있으니 고원 도시로 자랑할 만하다.

아침 일찍 일어나 출발하였다. 자동차 온도계가 20도를 나타내었다. 부산에서는 28도 이상이었는데 상쾌한 아침이었다. 7번 국도로 내려가기 위해 416번 지방도를 따라 고원에서 내려갔다. 416번 도로는 가곡천을 따라서 내려간다. 동활 계곡은 가곡천과 어울려 절경을 이루었다. 내려오는 길에서 누리는 기대도 하지 않았던 덤이다.

낙동강 상류와 태백 여행을 마치고 근 3주가 지난 어느 날 나현이가 "아빠, 택배 가자."라고 하는 것이 아닌가? '택배', 한참을 생각하니 '태백' 가자는 이야기였다. 그 뒤로 수시로 "아빠, 택배 가자."라고 한다. 내가 이 글 초고를 쓸

때 태백이라는 글자를 발견하고 택배로 읽는다. "택배가
어디 있느냐?"라고 물으니, 태백이라는 글자를 가리킨다.
그러한 모습이 나에게는 너무나 큰 소확행(小確幸)이다.

10 공포의 에어컨 소리

지구 온난화 문제가 심각하다. 작년 여름도 더위가 심했지만 31년 전 여름, 1994년이 더 심했다고 생각한다. 7월 초부터 8월 말까지 비 한 방울 오지 않고 연속되는 더위에 무척 괴로웠던 여름이었다. '무서운 태풍이라도 와서 더위를 식혀주었으면' 하는 바람을 하는 사람이 있을 정도로 더위가 심했던 기억이 생생하다.

그전 해 1993년 여름은 아주 시원한 여름으로, 에어컨 회사들은 생산한 에어컨을 판매하는 데 많은 고생을 하였다고 한다. 필자는 S전자 판촉 사원의 간곡한 부탁으로 교수 연구실에 창문형 에어컨을 구입하였다. 조금 있으니 S전자 사장 명의로 감사편지가 왔다. 그때까지 일반 가정에서 에어컨을 설치하는 일은 거의 없었다. 에어컨이 가동되는 소리가 무서울 정도로 절약 마인드가 일반화된 분위기였다.

아내도 서향 아파트에 아기가 둘이 있는데도 불구하고 에어컨을 구입할 생각을 하지 않았다. 엄청난 고생을 한 기억이 아직도 생생하다. 학교 연구실 에어컨은 우리 졸업생을 많이 채용하는 회사가 설치해 주었지만, 아주 미안하였던 기억이 아직도 생각난다.

다음 해 1994년 7월 초, 비가 조금 온 뒤 50여 일간 엄청난 더위가 시작되었다. 8월 말까지 계속된 더위, 견디기에 힘들었다. 8월 말이 되어 창문으로 햇볕이 들어와도 더위가 그칠 줄 몰랐다.

에어컨 생산 회사들은 전년에 에어컨 판매에 애를 먹은 탓에 에어컨 생산을 대폭 줄였다. 폭염에 지친 사람들이 에어컨을 구입하려고 해도 구입할 수 없었다. 접객업소, 특히 음식점들은 당시 에어컨 없는 곳이 반이 넘었다. 에어컨 없는 음식점은 손님이 없어 많은 고생을 하였다고 한다. 그해가 지난 뒤부터 접객업소는 에어컨이 필수 장비가 되었다.

나보다 서른 살 손위 조카뻘 되는 친척이 내가 현재 있는 계곡에 땅을 소유하고 20여 년 전원생활을 하고 있었다.

1990년에 넓은 땅을 처분하고, "자네도 처분하지."라고 권하였다.

그런데 친척분이 처분한 1년 후 시골 지가가 대폭 올랐다. 그분 땅을 전량 매입한 분이 땅에 딸린 시골집까지 같이 처분하지 않으면 땅을 사지 않는다고 하였다. 시골집까지 처분하고 부산에 조그만 3층 빌딩을 샀다.

1994년 폭염 시기 빌딩 삼층집에 갇힌 친척은 엄청난 고생을 하였다고 한다. 시골에 있던 시골집 한 채만 있어도 피서를 할 수 있었을 것이다. 키가 보통 사람보다 작아 외출도 거의 못 한 채 빌딩 3층 지붕에서 쏟아지는 더위를 참아야 했다고 하였다. 여름이 지나가도 맥을 추지 못할 정도라고 하였다. 그분은 2년 정도 사시다가 하늘나라로 가셨다. 많은 사람이 더위 여파로 후유증을 겪었을 것이다.

1994년 이후로 일반 가정에도 에어컨을 설치하는 사례가 늘어났다. 필자도 아파트를 옮기면서 스탠드형 에어컨을 설치하였다. 에어컨 바람이 거슬린다고 별로 가동하지 않던 아내도 작년에는 거의 상시 가동을 하였다. 외출하면서 애완 고양이가 덥다고 약하게 가동하고 가는 정도로 에어컨 가동 소리에 둔감해졌다고 보아야 한다.

에어컨은 역열기관이라 하여 효율이 높은 기계에 속한다. 액체의 비등점은 압력에 민감하다. 압력이 낮으면 저온에서도 증발하고 압력이 높으면 후끈후끈한 실외기에서도 액체로 응결한다. 저압에서 냉매가 증발하면서 기화열을 흡수한다. 에어컨에서 가동되는 기계는 압력을 높이는 압축기밖에 없다고 보아도 된다. 압축기 소음이 문제가 되었는데 세월이 갈수록 기술이 발전하여 소음 문제도 많이 해결되었다.

2024년 작년 한반도에 엄청난 더위가 왔다. 두 고기압이 겹쳐서 9월 중순까지 더위가 왔다. 그 덕에 작년에는 태풍다운 태풍이 우리나라에 오지 않았다. 해마다 서너 개의 태풍이 덮쳐 괴로웠는데 작년에는 그런 고통을 겪지 않아도 되니 좋았으나 긴 더위를 견뎌내지 않으면 안 되었다. 내 생각으로는 1994년이 더 더운 것으로 판단된다. 그러나 작년이 더위 지속 기간이 길어서 많은 사람이 고생하였다. 다행스러운 점은 31년 전보다 에어컨이 많이 보급된 점이다.

경제적으로 좋아진 탓도 있으나 에어컨 소리 공포가 적어진 점도 크게 작용하였다고 생각한다. 냉매 압축기 소리가 요란하여 돈이 공중으로 흩어지는 느낌이 들어 에어컨 가동을 주저하였다.

충격적인 이야기가 주위에서 벌어졌다. 어느 먼 친척이 좁은 서향 아파트에서 벽에 기댄 채 운명한 뒤 며칠 뒤에 발견된 일이다. 선풍기는 켜진 채 저 혼자 돌아가고 있는데 에어컨은 없었다고 한다. 원인은 열사병이었다고 했다. 에어컨 소리의 공포에서 못 벗어났다고 보아야 한다. 시간은 현재의 형태로 존재하고 과거는 지나갔고 미래는 아직 오지 않았으니, 현재를 가장 중시해야 한다는 원리를 무시하였다.

누릴 것이 있으면 바로 누리고 꼭 써야 할 것은 망설이지 않고 쓴다는 원칙 다 알고 있으면서 망설이고 미루는 어리석은 마음, 에어컨 소리의 공포, 모든 사람에게 조금씩은 있다. 그분은 은행 잔고도 제법 있고 작은 아파트도 두 채 있었다고 한다.

필자의 고향에 있는 거처에 2007년에 가격이 가장 싼 스탠드형 에어컨을 구입하였다. 당시 100만 원을 주니 시골 외진 계곡에 운반 설치까지 해주었다. 17년 동안 잘 가동하고 있고, 저녁에는 산바람이 내려와 에어컨이 필요 없었다. 낮에는 에어컨을 가동하고 밤에는 시원한 산바람을 맞이하는 생활, 세상으로부터 들어오는 모든 것에 감사하고 감동하는 분위기가 된다. 긴 더위에서 해방되게 해준 에어컨 소리가 조금도 두렵지 않았다.

4장.
흐르고 있었네,
그곳에도

01 감천(甘川)

경부선이 김천시를 지날 때 보이는 강이 감천(甘川)이다. 모래가 많고 강물은 그다지 많지 않은 감천을 수없이 보면서 '저 강은 어디서 시작하여 어디서 끝나는지?' 호기심이 생긴다. 서울에 오갈 때마다 호기심이 생기니 언젠가는 가 보아야 하겠다는 욕망을 지니고 살아왔다.

감천은 김천시 대덕면 대리 수도산 서북계곡에서 시작한다. 수도산은 1,300m가 넘는 산이지만 그다지 알려지지 않은 산이다. 백두대간에 있는 대덕산(1,290.9m)에서 시작하는 가야산맥에 있는 높은 산이다. 가야산맥은 동쪽으로 뻗어서 가야산(1,430m)에서 끝난다. 동쪽 끝에 있는 가야산이 가장 높게 솟아 이름이 알려져 있고 나머지 산들은 가야산의 명성에 묻힌 셈이다.

수도산에서 시작한 감천은 동북으로 흐른다. 감천을 따라 3번 국도가 달린다. 3번 국도는 진주를 지나 산청, 함안, 거창을 거쳐서 온다. 지리산 문화권을 거쳐 온 3번 국도는 상주, 문경을 지나 충주로 넘어간다. 대덕면 소재지를 지난 감천은 지례면으로 흘러간다. 지례면은 한 고을을 이루었는데 1914년 김천으로 통합되었다.

지례면 소재지 조금 못 미친 곳에서 감천은 부황천과 합친다. 부황천은 백두대간에 있는 삼도봉에서 시작하여 부황면 전체의 물을 모아 흐르는 하천이다. 최근 지례면과 부황면 경계 부근에 부황댐을 건설하여 부황호가 생겼다. 김천 시내 남쪽에 건설된 경북 혁신도시에 용수를 공급하는 것이 가장 큰 목적이라고 한다. 감천을 건너는 경부선 철교, 4번 국도, 경부고속도로, 경부고속철도, 김천 시내 도로 등을 지나는 교량이 밀집해 있다. 이곳에서 수해가 잦아 문제가 되었다. 홍수 조절의 필요성이 부황댐 건설의 또 하나의 목적이었다고 한다.

부황호는 최근 전국적으로 유명한 놀이터가 되었다. 출렁다리와 공원은 기본이고, 전국에서 가장 긴 레인보우 짚라인과 고소 체험시설이 있다. 일상의 늪에 빠져서 허우적거리는 사람들은 한 번 정도 체험해 볼 만하다. 짚라인의 철탑의 높이가 94m이고 왕복이 가능하다. 맞은편 철탑에 도착하면 엘리베이터로 조금 더 올라가서 출발한 철탑으로 돌아간다. 새처럼 공중에서 부황호와 주변 경치를 즐길 수 있다. 고소 체험시설은 높은 곳에서 스카이워크 체험을 하는 것이다. 안전로프를 착용하였지만 정신이 번쩍 든다. 이제까지 일상의 늪에 빠졌던 자신을 통렬하게 반성하게 한다. 요금(8만 원)도 짚라인보다 배로 비싸다.

　지례면을 지난 감천은 감천면을 지나 김천 시내 교량 밀집 지역을 흐른다. 감천의 가장 큰 지류인 직지천이 만나는 곳에 김천 시가지가 발달하였다. 직지천은 추풍령 이남으로 흐르는 물이 모여서 흐르는 하천이다. 추풍령은 그다지 높은 고개는 아니다. 소백산이 추풍령 근처에서 낮아진다(해발 200m). 과거 보러 가는 사람들에게는 인기가 없었지만, 일반인들은 이용하기에 편리하였다. 직지사는 황악산에서 내려오는 직지천 지류에 있다. 황악산의 높이는 수도산보다 낮지만(1,111.4m) 김천에서 가장 유명한 산이다. 직지사는 김천 시내에서 가깝고 조계종 제8교구 본사로, 전국적으로 알려진 사찰이다. 임진왜란 때의 승병장이었던 사명대사가 머리를 깎은 사찰로도 알려져 있다. 진입로는 하천을 사이에 두고 2차선 도로가 개설되어 왕복 4차선이다. 직지사 근처는 공원이 잘 조성되어 봄, 가을에 둘러보고 사정이 허락하면 황악산 등산도 추천한다. 황악산 북쪽에는 가로막는 산들이 없다. 황악산 정상에서 본 상고대가 눈에 선하다.

감천 본류와 직지천이 만나는 곳에 김천 시가지가 발달하였다. 김천은 예로부터 교통의 요지였다. 이곳의 정기시장은 조선 중기부터 충청도, 전라도, 경상도의 상인이 모이는 삼도시장으로 발전하였다. 각종 곡물 이외에 소, 건어물, 삼베의 거래가 활발하였다. 김천은 1905년 경부선철도가 개통되면서 급속히 성장하였다. 오늘날 김천은 경부선 외에도 상주, 문경, 영주 등으로 가는 경북선과 충주, 진주 방면으로 가는 3번 국도, 그리고 대구, 대전으로 가는 4번 국도가 교차하는 교통의 요지이다.

김천 시내에서 감천을 건너면 남면이다. 남면에 경북 김천 혁신도시가 들어서고 있다. 경부고속도로에 동김천 나들목도 생기고 높은 건물들도 우뚝우뚝 들어서 있으나 아직은 시작 단계이다. 높은 빌딩 1층의 유일한 식당에서 식

사를 하였다. 대부분의 사무실이 비어 있는 풍경은 을씨년
스러웠다.

감천은 동쪽으로 흘러 구미시로 흐른다. 구미는 선산군
의 남서쪽 끝의 한 면이었다. 경부선과 경부고속도로가 통
과하는 선산군의 유일한 면이다. 고 박정희 대통령의 고향
이기도 하여 구미공업 단지가 들어서 발전하였다. 이것은
부산광역시의 경우와 마찬가지이다. 동래부 부산면이 개
항에 따라 역할이 커지면서 부산시, 부산직할시, 부산광역
시가 된 것이다.

감천은 구미시로 흘러서 선산읍과 고아읍 경계를 흐른
뒤 낙동강과 합류한다. 고아읍은 구미공업단지와 가까워
현재는 선산읍 인구의 배가 넘는다. 선산읍과 고아읍은 넓
은 선산 분지를 이룬다. 감천 제방에 올라 트레킹을 하니
속이 시원하였다. 산과 계곡만 갈 것이 아니라 넓은 들이
전개되는 강의 제방을 걷는 기분, 이것은 걸어 본 사람만
이 느낄 수 있다.

선산읍은 조선시대에 도호부사가 주재했다. 당시에는 강

수운이 중요하였다. 구미시 중심으로 낙동강이 흐르고 있다. 감천 하류의 넓은 들은 '선산들, 중들'이 펼쳐져 있어 농업이 큰 역할을 하고 있다. 낙동강 동쪽의 구미시, 옛 선산군 지역을 통과하는 25번 국도를 달려보면 넓은 들이 펼쳐져 있음을 볼 수 있다. 선산읍은 이러한 농촌 지역의 중심 역할을 하고 있어, 옛 선산군청은 구미시 선산출장소로 운영하고 있다. 군 소재지로서 상설시장을 열었지만, 아직도 선산 5일 시장이 주 역할을 하고 있다. 선산읍 시가지는 겨울 저녁 7시만 되면 음식점이 거의 닫는다. 장날에는 새벽부터 장꾼들이 몰려와 북새통을 이루고 있었다. 반면 상설시장 점포에는 파리만 날리고 있었다. 농촌 사람들은 아직도 5일장에 익숙해져 있음을 알 수 있었다.

02 옥동천

　6월 어느 볕 좋은 날, 나는 돌아오지 않는 강을 거슬러 올라가는 강력한 끌림을 안고 고씨동굴을 향했다.

　작열하는 햇살에 반짝이는 남한강, 열정에 꿈틀거리던 청년 시절 우연히 찾아들었던 영월에서 강을 만났다. 마치 갑옷을 입은 것처럼 적벽을 따라 유유히 흐르는 강물과 밀려 나온 모래알들이 나를 강가에 붙잡아 세웠다. 어디서 왔을까? 호기심은 이미 강물을 따라 그 시작을 찾고 있었다. 그 순간이었을 것이다. 나는 그때부터 우리나라의 모든 강줄기가 어디에서 와서 어디에서 만나 흘러 흘러 바다로 향해 가는지를 알기 위해 지류들을 따라 여행을 시작하게 되었다. 지금은 그때의 느낌을 고스란히 표현할 수는 없겠지만 세월과 함께한 나의 여행일지를 바탕으로 남한강의 지류를 찾아가 보려 한다. 그날에 있었던 나룻배 뱃전에서 바라보는 강물의 아름다움을 누릴 수는 없지만 다시 찾은 남한강은 나의 청년 시절을 소환하기에는 충분하다.

고씨동굴 입구에서 조금 내려가면 조그만 하천이 남한강을 만난다. 하구가 있는 곳의 골짜기가 아주 좁아, 있는 듯 없는 듯 남한강을 만난다. 영월읍 아래에서 동강과 서강이 합쳐서 남한강이 된 후 최초로 만나는 지류다운 지류이다. 이것이 옥동천이다. 남한강을 따라 몇 번 지나갔지만 전혀 의식하지 않고 지나갔다.

한참 세월이 지나 영월에서 춘양을 지나 동해안으로 가려면 88번 도로를 타고 옥동천 유역을 지나야 한다는 사실을 알았다. 당시에 가보지 않은 곳을 지도로 얻은 지식으로 여행하는 취미에 빠져 있었다. 좁은 옥동천계곡 입구를 지나 조금 주행하니 신천지가 전개되는 것이었다. 주위 산들이 높지는 않지만 시원하게 솟아 있고, 하천 주변 논밭도 널찍하게 전개되었다. 산들은 나무가 우거진 흔한 산이 아니고 넓은 바위들이 시원하게 전개되어 있는 것이었다.

여기가 당시 하동면 소재지 옥동리라 하였다. 하동면은 최근 김삿갓면으로 개칭하였다. 옥동천 상류에는 영월군 중동면, 상동읍이 있고 수많은 마을과 계곡들이 있는데 옥동천으로 이름을 정한 것을 인정할 수 있을 정도로 주위

평야가 옥동천 유역에서 가장 넓고 주위 산세가 좋다. 옥동리에서 조금 올라가면 옥동천 지류 마포천이 흐르는 김삿갓 계곡이 시작된다. 김삿갓 계곡은 정비되기 전에 와석리 계곡으로 불렸으며 험한 길로 유명하였다.

연구 실적 경쟁이 치열해지기 전 강의 없는 날, 큰마음을 먹었다. 아내에게 말하지 않고 평소 생각하고 있었던 단독 여행을 감행하였다. 부산에서 진주를 거쳐 장계 무주를 지나 영동에 도착하였다. 때는 10월 말, 영동읍의 가로수는 감나무였다. 장계에서 점심식사 반찬을 안주로 마신 소주 한 병의 취흥이, 발갛게 익은 감을 환상적으로 보이게 하였다. 무심코 들른 서점에서 『소설 김삿갓 1』을 손에 쥐었다. 내려오는 무궁화호 열차 입석에서 반 이상 읽었다.

지금은 고인이 되신 저자 정비석 선생께서 노구를 이끌고 『소설 김삿갓』을 집필하시기 위해 와석 계곡 김삿갓 유적지까지 답사하셨던 내용이 수록되어 있었다. 군청에서 내어준 지프차를 타고 가다 차가 더 가지 못해 두 시간 이상 걸어가셨다고 하였다. 이때가 80년대 초반이었다. 20

년 뒤 2000년대 초반 김삿갓 유적지가 정비되고 길도 확
포장되었다. 김삿갓 문학관도 세워졌다. 김삿갓 본인의 작
품뿐만 아니고 김삿갓에 관련된 자료들을 모두 모아서 정
리해 놓았다. 문학관 건너편에는 김삿갓께서 방랑하시던
시절에 즐겼던 막걸리와 음식들을 파는 음식점들이 여러
집 들어서 있다. 막걸리 한 병에 파전을 먹고 김삿갓 산소
에 절을 하였다. 지금은 도로망이 잘 정비되고 자동차 성
능도 좋아져 방랑생활이 훨씬 편해졌다고 생각하면서.

근 200년 전에 방랑생활을 하셨던 김삿갓 김병연 선생
에 대한 자료가 지금도 출판되고 있다고 한다. 문학관이
설립되고 하동면이 김삿갓면으로 바뀌었다. 그것은 모든
사람의 마음 깊은 곳에 역마살이 숨어있다고 보아야 하지
않을까?

옥동천 상류에 상동읍이 있다. 상동읍 구래리 함백산 기
슭에 중석(重石)이 발견되었다. 1923년 일제 강점기 때이
다. 이때부터 중석이 개발되기 시작하여 상동면은 읍이 되
었다. 상동읍은 한때 2만 5천의 인구로 하동면(현 김삿갓면)
인구의 10배를 넘었다. 현재 상동읍 인구는 김삿갓면 인구
의 1/3에 불과하다.

상동읍 구래리 중석광산은 자유세계 중석 생산량의 10% 이상을 차지한 적도 있었다. 당시 우리나라 1년 수출액의 80% 이상을 차지하여 가장 중요한 달러 획득원이었다. 정권 실세들이 개입하여 몇 차례 중석불 사건이 일어날 정도로 번창한 영월군 상동읍이다. 80년대 중국이 세계시장에 본격적으로 등장하였다. 중국의 싼 중석의 등장으로 상동읍 중석광산은 개점휴업 상태이다.

상동읍 인구는 한참 때의 1/25로 줄어 우리나라에서 가장 인구가 적은 읍으로 전락하였다. 양산시 물금읍 인구의 1%에 불과하다. 그 많던 인구가 살았던 흔적은 보이지 않고 중석 선광시설들은 흉물로 방치되고 있다.

거지꼴로 전국을 방랑한 김삿갓은 김삿갓 문학관, 김삿갓 계곡, 김삿갓면 등으로 그 이름이 남아 있다. 번창하던 상동읍 중석광산은 폐석더미로 방치되고 있다.

03 왕피천

왕피천은 협곡으로 흐르는 하천이다. 상류와 중류 하류가 분리되어 있다. 왕피천은 중류에 있는 울진군 왕피리에서 따 온 이름이다. 왕피리는 울진군 금강송면에 있는 마을로 면 소재지인 삼근리에서 구불구불 험한 산악도로를 15km 이상 넘어야 도달할 수 있는 왕피천 중류에 있는 마을이다. 상류와 하류와는 심한 협곡으로 분리되어 있어 난세에 왕이 피해 있어도 안전할 정도로 세상과 분리된 마을로 알려져 있다. 36번 국도변에서 왕피리로 가는 산악도로가 하도 험해서 삼근리에서 왕피리로 관광객을 위한 소형 버스 서비스가 있을 정도이다.

왕피리에는 병위, 거리고 등 옛 군영의 부서 이름을 딴 마을 이름이 있고 토석혼축 성벽이 희미하게 남아있다. 마의태자가 왕피리에 모후와 함께 피해 있다가 모후가 작고한 뒤 금강산으로 갔다고 한다. 고려 공민왕이 홍건적을 피해 안동과 영양을 거쳐 왕피리에 피난했다는 설이 있다.

최근에도 찐 오지를 좋아하는 사람들이 많아 관광 관련 서비스업을 하는 사람들이 늘고 있다고 한다.

왕피천은 영양군 수비면 오기리에서 발원하여 수비면 소재지인 발리리를 지난다. 발리리는 영남에 있는 면 소재지 중 가장 높은 곳이라고 한다. 10여 년 전 엄청 추운 날이었다. 고향에 있는 조그만 거처에 가니 수도가 얼어 있었다. 참을 수 없는 여행 욕구가 발동되었다. 차를 몰고 후포로 달렸다. 다음 날 아침, 평해를 거쳐 88번 국도로 발리리에 도착하니 거리에 사람이 보이지 않았다.

수비면을 지나는 왕피천은 장수포천으로 불린다. 발리리를 지난 장수포천은 북류한다. 917번 도로가 장수포천 계곡을 따라간다. 917번 지방도는 낙동강 지류인 신암천 계곡으로 넘어가고 수하계곡으로 가는 군도가 장수포천을 따라간다. 수하계곡 수하리는 산촌 중의 산촌으로 알려져 있다. 경북의 시골 학교에만 봉직하시던 어느 교장 선생님이 학 부부의 애틋한 부부애를 수필로 남겨 많은 사람들의 심금을 울린 맑은 산촌이다.

영양군은 폐교된 수하초등학교 부지와 근처 부지에 반딧불이 생태공원과 수하 청소년 수련원을 세웠다. 맑디맑은 물과 해발 500m에 달하는 고원에 세워진 공원, 여름에 청소년의 천국이 따로 없다. 반딧불이, 나비, 잠자리, 양서류, 파충류, 잠자리 유충 등 오늘날 보기 힘든 곤충들을 볼 수 있다. 어릴 때 고향 양산천에 있는 돌 밑에는 어김없이 잠자리 유충이 붙어 있던 모습이 눈에 선하다. 그 많던 잠자리를 입에 물고 새끼에게 먹이던 처마 밑의 제비 모습이 그립다. 야간 반딧불이 탐사는 6~9월, 나비 생태교실은 5~9월, 잠자리 생태교실은 6~10월에 가능하다고 한다.

917번 도로와 분리된 군도는 청소년 수련원을 지나 3km 정도 지나면 끊어진다. 장수포천은 협곡을 5km 정도 지나 울진군 왕피리 마을을 만난다. 여기서부터 왕피천으로 불린다. 왕피리는 산과 협곡에 가두어진 그야말로 오지 중의 오지이다. 주민들은 농사를 주로 하나 오지를 좋아하는 관광객을 위해 민박 등 관광 관련 서비스업에 종사하는 사람들도 하나둘 늘어나고 있다고 한다.

왕피리를 지난 왕피천은 협곡을 지나 근남면 구산리에

이른다. 근남면은 군청 소재지인 울진읍에서 가까운 남쪽에 있다는 의미로 정해진 이름이다. 근남면 남쪽에 있던 원남면은 최근 매화면으로 개칭하였다.

근남면을 흐르는 왕피천 협곡에서는 우리나라에서 보기 드문 백팩 계곡여행을 한다고 한다. 배낭을 완전 방수 처리하고 길이 막혀 소를 헤엄쳐 건너가는 트레킹, 그야말로 원시 지향 계곡여행이다. 얕은 곳은 계곡으로 걸어가고 강변에 여유가 있으면 자갈길을 걸어가는 계곡 트레킹, 조금만 젊었다면 감행해 보고 싶다. 20대 후반 감행한 남한강 상류 트레킹이 생각난다. 옷을 넣은 주머니를 머리에 이고 비교적 얕은 여울을 건너던 추억, 하늘도 파랗고 남한강도 파랗게 보이는 곳을 건너던 추억, 이때 감행하지 않으면 영원히 불가능하다고 생각했던 일은 너무나 옳았다.

왕피천은 가장 큰 지류인 광천을 만난다. 광천은 근남면 행곡리에서 금강송면 하원리에 이르는 불영계곡을 지난다. 불영계곡은 불영사 연못에 부처가 비친다는 설에 의해 불영사로 이름이 지어지고, 불영사 옆으로 흐르는 광천이 빚어놓은 계곡을 불영계곡으로 불렀다. 불영계곡은 1979년 12월 명승 6호로 지정되었다.

불영계곡은 굽이진 계곡과 부처바위와 사랑바위 등 특이한 형태를 가진 암석들이 많다. 20억 년 전에 만들어진 편마암이 동해로 흘러가는 불영계곡 물에 깎여 만들어진 기암괴석들이다. 수백 년 동안 자란 금강송들이 험한 지형 때문에 고스란히 보존된 모습들을 볼 수 있다. 광천 상류에 있는 소광리 금강송은 탐방객 수가 제한되어 있고, 인터넷으로 예약해야 한다. 기암괴석과 어우러진 금강송과 계곡 물소리 등 우리나라 계곡미를 즐길 수 있다.

불영계곡과 접한 북쪽 산록으로 울진과 영주를 연결하는 36번 국도가 지난다. 80년대 초 확장공사에 반대 여론이 많았다. 계곡의 상당 부분이 훼손되었다. 여름에 이 길을 지나니 불영계곡을 바라볼 수 있는 정자가 두 곳에 들어서 있고 주차장도 몇 곳 있었다. 2019년 금강송면 소재지에서 조금 못 미친 곳에서 터널로 들어간 36번 국도는 7번 국도 근처에서 나온다. 불영계곡 옆을 지나는 구 36번 국도는 순수 관광용 도로로 바뀌었다.

큰 지류인 광천과 매화천을 만난 왕피천 하류는 갑자기 넓어진다. 이곳에 울진 공설운동장과 왕피천 공원이 들어서 있다. 관동팔경의 하나인 망양정까지 케이블카가 2000년 7월 1일 건설되었다. 민물고기 생태를 중점적으로 보여주는 아쿠아리움, 곤충체험관, 과학체험관을 건설하였다. 왕피천 하류, 울진 종합 운동장 맞은편에 1963년에 문을 연 성류굴이 있다. 성류굴은 비교적 일찍 문을 열어 널리 알려져 있었으나, 뒤에 발견된 고수동굴, 고씨동굴 등에 의해 퇴색된 감이 있다.

울진군은 왕피천 협곡과 청정한 왕피천을 대대적으로 개발할 계획을 세웠으나 왕피리 주민들이 대대적으로 반대하고 있다고 한다. 협곡이 사라지면 왕피리와 왕피천의 트레이드마크인 원시성이 훼손된다고 보고 있는 것으로 보인다.

04 운곡천

청량산이 낙동강을 만난다. 청량산 육육봉은 퇴계 선생께서 칭송하신 아름다운 산이다. 그런 산으로만 끝나지 않고 청량산을 만나는 낙동강 상류는 낙동강 1,300여 리에서 가장 아름답다고 한다.

안동시, 봉화군 등 경북 북부지방의 면 이름은 동면, 상북면 등 방위로 정하지 않고 아름다운 한자어로 정하는 경향이 있다. 이곳의 이름도 명호면(明湖面)이다. 낙동강 물이 밝은 호수면, 낙동강 물이 밝은 호수를 이루는 고장을 잘 표현하고 있다.

밝은 호수같이 맑은 물을 이루는 낙동강 상류에 조그만 하천이 흘러 들어온다. 운곡천이다. 처음 이곳에 왔을 때, 운곡천 백사장과 도도히 흘러오는 낙동강 상류가 어울리는 모습에 넋을 잃고 쳐다본 기억이 난다. 청량산 산기슭에 걸려 있는 기암괴석을 휘감아 도는 소(沼) 위에 높다란 보행교(步行橋) 위에 서면 또 다른 경치가 전개된다.

운곡천은 경북 봉화군 중앙을 흐르는 하천이다. 그 유역의 절반 이상이 춘양면(春陽面)에 있다. 운곡천은 일명 춘양천으로 불리기도 한다. 억지춘양, 춘양목으로 알려진 춘양, 꼭 가고 싶은 욕망이 꿈틀거렸다. 안동 시내를 피해 서안동 나들목을 나와서 시골길로 35번 국도로 달렸다. 처음 와 보는 시골 가을 풍경의 정취는 나를 잊게 하였다. 명호면 소재지를 지나니 35번 국도는 산 능선 위로 달렸다. 운곡천과 만나는 낙동강 상류 협곡의 모습을 볼 수 있도록 전망대가 설치되어 있었다. 그 위에 서니 낙동강 상류가 소나무 가지 사이로 새로운 욕망을 불러일으키는 것이었다. 빠른 시일 내에 낙동강 협곡 트레킹을 하여야 하겠다.

얼마 지나지 않아 춘양을 알리는 이정표가 나타나고 춘양면 소재지에 도착하였다. 춘양은 봉화군청이 있던 곳이다. 100여 년 전에 내성천변에 있는 봉화읍으로 군청이 옮겨졌다. 봉화읍은 내성천변에 있어서 옛 이름이 내성이라 하였다. 아직도 시장 이름은 내성장이라고 한다. 군청 소재지가 영주와 접한 서쪽에 치우쳐 있어서 춘양이 아직도 봉화 내륙의 중심 역할을 하고 있다. 춘양장은 억지춘양장으로 불리며 4, 9일에 5일장이 선다. 평소에도 5일장보다는 작지만 상설장이 열린다. 장날에는 버섯, 나물 등 임산물들이 많이 나와 주위 산촌 사람들뿐만 아니라 외지 관광객들도 꽤 온다고 한다.

버스정류장에는 서울에서 온 시외버스가 정차하고 있다. 봉화를 거쳐 춘양까지 하루 여섯 번 정도 왕복한다. 버스정류장 주위에 모텔이 세 곳 있는 것으로 보아 산촌 여행을 즐기는 사람들이 있다는 이야기이다. 떠도는 구름처럼 다니며 지난날 귀에 익은 지역을 눈으로 맛으로 확인하는 즐거움을 누리는 사람들, 나도 그들에 속할까? '한운야학(閑雲野鶴)'이라는 말이 생각난다.

춘양 면사무소와 나란히 산림청 양모사업소가 있다. 양모사업소 앞에 소나무, 전나무 모가 자라고 있다. 묘목이 되기 전, 나무의 모가 자라고 있는 것이다. 춘양목의 전통을 지키려는 노력으로 보인다.

춘양은 춘양목 수집소로 알려져 있다. 옛날에는 제재소

가 수십 곳 있었다는 이야기가 전설처럼 전해져 내려오고 있다. 아쉽게도 지금은 찾아볼 수 없다. 그 자리를 송이 등 버섯류를 수집하는 상점들이 10여 곳 보인다. 목재는 값싼 외국산으로 경쟁력을 잃고 그 자리를 임산물(林産物)이 차지한 모양새다.

버스정류소 앞의 깨끗한 한식점에서 식사를 몇 번 하였다. 메뉴판에 송이요리 전문점이라 적혀 있다. 가격은 '시세'라 한다. 아무도 송이요리를 먹지 않는 것 같다. 나도 어릴 때 형님이 먼 산에서 따 온 송이를 먹어보고 그 후 먹어본 적이 없다. 입맛은 무척 당겼으나 비싸다는 소문 때문에 엄두도 못 내고 돌아왔다. 향이 좋았던 기억이 아직도 생생한데 돌아와서 생각하니 무척 아쉬웠다. 맛으로 확인하는 즐거움을 포기한 것이다. 앞으로는 어지간한 가격이라도 맛으로 확인하여야겠다. 세월은 사정없이 흐르고 있다는 사실을 '시세'라는 메뉴판 글씨로 일시적으로 잊은 것이다.

새벽에 춘양면 소재지 주위 운곡천으로 트레킹하였다. 면 지역인데도 트레킹 코스를 잘 꾸며 놓았다. 억지춘양이란 이름을 남긴 말굽 모양의 철길, 춘양역 등 말만 들었던 춘양을 둘러보는 호사를 누리는 것이다. 이 산골에 아파트도 몇 군데 있다. 조금 올라가니 한국산림과학고등학교라는 학교가 있다.

중학교와 임업을 가르치는 고등학교가 같이 있다고 한다. 중학교는 60여 명밖에 안 되는데 고등학교는 180여 명 된다고 한다. 산림자원학과와 임산유통정보학과 2개 학과가 있다. 산림자원학과는 옛날 임학과라 하여 비하하였다. 단순 벌목으로 생각하는 경향이 있었는데 전국에서 학생들이 온다고 하니 반가운 일이 아닐 수 없다. '청목(靑木)관'이란 간판을 단 기숙사에서 생활한다고 한다. 춘양이란 산골에 임업에 종사하겠다고 전국에서 오는 학생들이 현지 중학생보다 3배가 된다는 사실은 고무적인 일이다.

 평해(平海)와 영해(寧海)

평해와 영해의 첫 글자는 그 의미가 같다. 평(平) 자와 영(寧) 자는 편안하다는 의미이다. 동해안은 대체로 평야가 적어 산과 바다가 직접 만난다. 벼랑으로 이루어져 있거나, 좁은 해안으로 이루어져 있는 경우가 대부분이다. 그런데 평해와 영해의 경우는 다르다. 영해평야와 평해평야가 동해와 만난다. 특히 영해평야는 동해안에서 보기 드물 정도로 널찍하다.

영해평야는 태백산맥 동쪽 산록의 물을 모아서 흐르는 송천 하류에 발달한 평야이다. 동해 중부에서 가장 넓은 평야이다. 영해에는 조선 태조 6년에 진이 설치되고 태종 13년에 도호부를 설치하였다. 동해를 건너오는 왜구를 막기 위한 대책이었다. 하기야 동해안 다른 곳은 산악지방이라 침입할 가치가 보이지 않았을 것이다. 150m 정도의 산으로 가려진 곳에 영해 시내가 있어서 군사적으로 요지에 영해 시내가 위치한다.

송천은 그다지 큰 하천이 아니기 때문에 범람의 영향이 크지 않아 옛사람 입장에서 유리하였다. 사족(士族)의 동족촌이 형성되어 소안동(小安東)이라 불렸고, 안동지방으로 어염(魚鹽)을 공급하는 거점 구실도 했다. 영해 향교는 중종 13년(1529)에 설립되어 역사가 오래된 향교 중의 하나이다. 반면 영덕은 오십천 하류의 골짜기에 위치하여 벽현(僻縣)의 상태에 있었고 토착 양반이 적었다. 그러나 영덕이 군 중앙에 위치하여 1895년 갑오개혁 때 영해부와 영덕현이 합쳐져서 영덕군이 되었다. 일제 강점기에 34번 국도가 개설된 이후 안동으로 통하는 거점 구실도 옮겨 가게 되었다.

영해에서 송천계곡을 따라 918번 지방도가 개설되어 있다. 창수면 소재지를 지나 태백산맥을 넘으면 경북 영양읍에 도달한다. 영양읍에서 31번 국도를 따라가면 경북 내륙의 속살과 낙동강 상류를 볼 수 있다. 낙동강 상류와 경북 북부 산악지방을 보고 싶은 열망에 금강산 관광기회를 놓쳤다. 가랑비 오는 송천 상류, 그리고 안개 낀 낙동강 상류를 보는 꿈은 실현했지만, 금강산 가는 꿈은 아직 실현하지 못하고 있다.

평해는 평해 남대천 하류의 내륙 쪽에 자리한다. 1914년 평해군과 울진군이 통합되었으나 평해도 만만찮은 고을이었다. 울진은 1979년 군청 소재지 자격으로 읍이 되었지만, 평해는 1980년 자력으로 읍이 되었다. 울진과 평해는 읍으로 승격한 후 각각 큰 어항인 죽변과 후포가 면으로 독립함에 따라 인구가 줄어들었다. 울진읍은 군청 소재지라 큰 타격은 없었으나 평해읍은 타격이 컸다. 현재 평해읍 인구는 독립한 후포면 인구의 3분의 1 정도로 타격이 크다. 후포는 평해읍이 되는 데 기여하고 그 6년 뒤 독립한 셈이다.

평해의 월송정(越松亭)은 송강(松江)의 관동별곡에서 관동팔경의 하나로 노래하였다. 10여 년 전에는 소나무에 가려서 동해가 보이지 않았다. 최근에 가보니 정비가 잘되어 있었다. 월송정도 조그만 언덕을 조성, 그 위에 지어져 소나무를 넘는다는 이름값을 하고 있었다. 부산의 바닷가 공원길을 걸으면 나뭇가지와 잎에 가려서 바다가 보이지 않는다. 간벌(間伐)을 하여 나무 사이로 바다가 보이게 해야 하는 것이 아닌가?

평해읍에서 88번 국도를 따라 남대천 골짜기로 들어가면 유명한 백암온천이 나온다. 관광특구로 지정된 국내 유일의 유황온천으로 신경통, 관절염, 피부병 등에 좋다 하여 많은 관광객이 온다고 한다. 그러나 비슷한 온천이 많이 생겨서 옛날과 같지 않은 것 같다. 88번 국도를 타고 태백산맥을 넘으면, 영양군 수비면 발리에 닿는다. 발리는 수비면 소재지로, 영남지방 면 소재지 중 가장 높은 곳이다. 수비면은 낙동강 수계가 아니고 왕피천 상류이다.

평해읍 중앙에 평해 5일장이 서는 광장이 있다. 어느 바람이 많이 부는 장날, 손님은 한 명도 없고, 트럭을 몰고 와서 전을 폈던 유일한 상인은 정오도 되지 않았는데 전을 거두고 있었다. 거리에 다니는 사람은 보기 힘들었다. 영월 상동읍보다는 나았지만, 읍 소재지라 부르기에는 부족하였다. 거리에는 평해정보고등학교 졸업생이 근처 농공단지에 취업했다는 현수막이 바람에 흔들리고 있었다.

영해면 소재지는 분위기가 완전히 달랐다. '예주 만세시장'이라 하여 시장 규모가 엄청나게 컸다. 정부에서 설치해주는 시장시설이 넓게 자리 잡고 있었다. 장날이 아닌 날도 반 정도의 점포는 열었다. 주로 건어물, 동해에서 나오는 수산물이 거래되고 있는 것이다. 새삼 3차 산업의 위력을 느낄 수 있었다. 숙박시설도 열 군데 정도는 되는 것으로 보아 관광객들도 많이 오는 것으로 판단된다. 모텔 객실에 "건어물 절대 반입 금지"라는 문구가 게시되어 있었다.

7번 국도는 동해안을 볼 수 있는 도로로 옛날부터 유명하였다. 그 도로가 4차선 자동차 전용도로로 확포장되면서 내륙 쪽으로 들어갔다. 7번 국도에서 동해안을 보면서 드라이브한다는 로망이 퇴색되었다. 영덕 블루로드 해안도로가 매스컴을 타고 입소문을 타게 되었다. 주로 강구에서 시작하여 고래불 해수욕장에서 끝나는 코스를 타는 것이 일반적이다. 크고 작은 어항과 어촌마을이 스쳐 지나간다. 반짝이는 동해와 갈매기를 보며 드라이브하다 보면 30km가 금방이다. 고래불 해수욕장에 도착하면 장쾌한 백사장이 전개된다. 계절과 관계없이 고래불 해수욕장에서 호연지기를 느껴볼 일이다.

고래불 해수욕장은 영해에서 지척이다. 영해 시내는 해풍을 막아주는 구릉성 산지 뒤에 있어, 주거에는 유리한

점이 많다. 강구에서 영덕대게를 맛보고 영덕 블루로드 해안도로를 드라이브한 관광객들이 영해 예주 만세시장을 많이 찾고 있는 것이다. 하늘나라로 가신 형님과 동생 매형을 이 길로 안내하여 내려간 기억이 생생하다. 내설악에 사는 사촌동생 집에서 할머니 제사를 지낸 뒤 내려오는 길이었다. 그들에게는 처음이자 마지막이었던 그 드라이브, 그 생각을 하면 지금도 눈시울이 뜨거워진다.

06 예당저수지와 삽교호

충청남도 서북지방에 넓은 평야가 있다. 대전-당진 고속도로, 최근에 영덕-당진 고속도로로 개칭된 도로를 대전에서 당진으로 주행하면 넓은 평야지대가 나온다. 교수 재직 시절, 현대-기아 화성 연구소로 가기 위해 대전 유성 JC에서 영덕-당진 고속도로로 진입, 한참 주행하면 평원에 가까운 넓은 평야지대를 보고, 크게 감탄했던 기억이 새롭다. 군데군데 구릉지대가 있지만 아주 넓은 광경을 보고 이 나이 되도록 모르고 살았던 자신에 대해 자책감이 생겼다.

이 지역을 내포지방이라 하며 예산, 당진, 홍성 고을과 북으로 아산, 천안 등 여러 고을이 있는 넓고 평평한 지역임을 알게 되었다. 지역은 평평하고 넓으나 큰 강 유역이 아니기 때문에 농사에 필요한 물이 부족하다. 특히 우리 국민의 생명줄인 벼농사에 아주 불리하다. 이러한 사실은 전라북도 호남평야와 비슷한 사정이다. 호남평야는 다

행히 동쪽에 무주, 진안, 장수 고을로 이루어진 무진장 고
원이 있다. 일제 강점기, 진안공원 서남쪽을 흐르는 섬진
강 상류를 막은 운암댐을 축조하여 호남평야를 흐르는 동
진강으로 떨어뜨려 발전을 하고, 방류수로 김제 만경 넓은
들을 적셨다. 광복 후 1965년에 운암댐 하류 2km 지역의
섬진강댐으로 대체되어 운암댐은 수몰되었다.

　　내포지방은 자체 유역에서 흘러오는 물을 저수하는 방법
밖에 없다. 기원이 후백제로 추정되는 합덕지가 있었을 정
도로, 예로부터 내포지방의 관개를 위해 많은 노력을 하였
다. 합덕지는 예당저수지가 완공된 뒤 물이 고인 곳은 논
으로 바뀌고 저수지 둑만 남아 있다. 예당저수지는 일제
강점기인 1928년에 착공되었으나 만주사변, 중일전쟁, 태
평양 전쟁 등으로 완공되지 못하였다. 해방 후 1952년 한
국전쟁이 끝나기 전에 착공, 12년 뒤인 1964년에 완공된,
우리나라에서 가장 큰 농업용 저수지이다. 어지간한 지도
에 예당호는 표시될 정도로 큰 저수지이다. 몽리 면적은 1
만 ha 정도로 양산시 면적의 4분의 1 정도이다. 북한에서
내려온 피란민 등, 늘어난 국민들의 식량의 핵인 쌀을 확
보하기 위한 처절한 노력의 흔적을 엿볼 수 있다.

예당저수지는 삽교천 지류인 무한천을 막은 저수지이다. 무한천은 본류인 삽교천보다 수량이 못지않다. 원류에서 거리가 짧아서 본류의 영광을 삽교천에 양보하였다. 무한천은 보령시와 청양군 경계부의 차령산맥 서쪽 사면에서 발원하여, 청양 비봉면과 예산 광시면을 지나 예산 저수지로 흘러 들어온다. 예당저수지에 무한천 본류와 맞먹을 정도의 지류인 달천이 합류하여 넓은 내포지방의 논을 적실 수 있을 정도의 수량을 유지할 수 있게 되었다.

예당저수지는 민물 낚시터로 유명하였다. 수도권 신문에 예당호 낚시 광고가 나오고 낚시를 위한 편의 시설이 잘되어 있다고 한다. 7~8년 전에 예당저수지에 갔을 때는 몇몇 매운탕을 파는 음식점 정도가 있었고, 조성되어 있던 둘레 길은 잡초가 군데군데 있고 함부로 자란 잡목 가지가 앞을 막는 경우도 있었다.

이번 여름에 갔을 때는 분위기가 완전히 달라졌다. 둘레 길은 완전히 정비되었고 일정한 거리를 가면, 의자와 해 가림막을 설치하여 격세지감을 느낄 정도였다.

주차장과 편의점 등 각종 편의 시설도 완비되어 관광지의 면모를 갖추었다. 몇 년 전에 402m에 달하는 국내 최장 출렁다리를 세웠다. 무척 더운 여름날인데도 호수 위이고 흔들리는 긴장감으로 덥다는 느낌을 못 느꼈다. 그런데 유감스럽게 얼마 안 되어 다른 곳에서 더 긴 출렁다리를 만들어 국내 최장이라는 명예를 잃었다고 한다. 조각공원, 음악분수, 데크길 등 관광객 유치를 위한 지방자치 단체의 노력을 느낄 수 있다.

예당저수지에 가려면 영덕–당진 고속도로 예산–수덕사 나들목에서 나와 21번 국도로 우회전하여 조금 주행하다가 619번 지방도로 좌회전하면 예당 관광지에 도달할 수 있다.

삽교호는 서해안 고속도로 당진 나들목에서 나와 32번 국도로 우회전, 계속 직진하면서 삽교호 표지판 지시에 따라가면 도착할 수 있다.

삽교호를 생각하면 1979년 10월 26일, 유신의 종말을 떠올리는 사람들이 많다. 박 대통령이 내포지방의 사정을 알고 몇 년에 걸쳐 삽교천 방조제를 건설하여 고질적인 용수 문제를 해결하고자 하였다고 한다. 드디어 이날 준공하여 준공식을 거행하였다. 이날 저녁 뿌듯한 마음으로 정권의 실세와 부산에서 일어난 일을 의논하려 했으나, 유신의 종말을 고하고 말았다.

삽교호는 본류인 삽교천과 무한천이 만나 바다와 가까운 곳에서, 큰 지류인 곡교천을 만난다. 곡교천은 천안시와 아산시 대부분의 물을 모아 삽교호로 흘러 들어온다.

천안과 아산은 수도권 규제정책을 피해 많은 산업시설이 들어서고 있다. 대표적인 시설은 삼성전자 천안공장과 현대자동차 아산공장이다.

삽교천 방조제는 그 길이가 3,360m로 방조제 역할도 하고 34번 국도가 지나가는 교량 역할도 하는 요긴한 방조제이다. 또한 크기가 비슷한 무한천, 삽교천, 곡교천에서 흘러온 담수들을 저장하여 농업용수를 비롯한 각종 용수로 요긴하게 사용된다고 한다. 방조제 건설로 많은 논들이 들어서고, 그 물들은 1단 또는 2단의 양수장에 의해 당진, 예산, 홍성, 아산 4개 고을에 걸친 2만 5천 ha의 농경지에 공급된다.

시골 계곡들을 트레킹하다 보면 큼직큼직한 저수지들이 들어서 있음을 볼 수 있다. 대부분 80년대 90년대에 완공되었다. 70년대 쌀을 자급하였다고 하는데 산아제한과 마찬가지로 공무원들의 무사안일이 원망스럽다. 최근 30년에 쌀 소비량이 1인당 절반으로 줄었다고 한다.

삽교 방조제 밑에는 삽교호 유원지가 있다. 유원지에서

가장 눈에 띄는 것은 높이 85m에 이르는 국내 최고 높이의 대관람차이다. 탑승 시간은 15분 정도이고, 탑승하면 서해와 서해안 고속도로의 서해대교가 보인다. 찻집 등 맛집, 편의점, 건어물점 등이 많이 들어서 있고 주차장도 여러 군데 있다.

방조제 공원에서 보면 군함이 정박하고 있는 것을 볼 수 있다. 이상하게 생각하고 가보니 삽교호 함상공원에 정박한 퇴역 군함이라고 한다. 입장하니 입장료에서 4,000원 상품권을 돌려준다. 그 상품권은 주위의 상점에서만 사용 가능하다고 한다. 퇴역 군함에 입장해서 가장 인상 깊었던 것은 공중에 매달린 다층 침대였다. 열악한 침대에 자면서 인천상륙작전을 대기했던 장병들을 생각하니 인생의 엄숙함을 다시 한번 느낄 수 있었다.

07 초강

초강 유역은 남한의 중심에 위치해 있다. 추풍령 휴게소 근처에 '경부고속도로 중간점'이라는 비가 서 있다. 우리나라 어디에서도 접근하기가 쉽다는 이야기이다. 초강 유역의 3분의 2가 충청북도 영동군, 3분의 1이 경상북도 상주시로 이루어져 있다. 경부선과 경부고속도로가 추풍령을 경계로 경상도와 충청도로 나누어진다. 추풍령은 경부선, 경부고속도로, 4번 국도 모두가 터널을 지나지 않는다.

문경새재는 중부내륙고속도로, 3번 국도가 긴 터널을 지난다. 그리고 풍기 죽령은 중앙선, 중앙고속도로, 5번 국도가 터널을 지난다. 추풍령 근처의 백두대간(소백산맥)은 높이가 낮아서 서울에서 영남지방으로 가는 데 가장 편리하지만, 추풍령은 추풍낙엽처럼 낙방하고, 죽령은 죽 미끄러진다는 믿음으로 문경새재가 서울과 영남지방의 주 통행로가 되었다. 일제가 경부선을 개설할 때 이러한 속설을 무시하고 최단 거리로, 그리고 터널 없이 경부 간 주 교통로로 정하여 많은 사람들이 추풍령을 거쳐서 경부 간을 왕래하게 되었다.

　초강은 초강천이라고도 하지만 국립지리원에서 작성한 지도에 초강(草江)으로 되어 있다. 초강은 영동군 상촌면 물한리 삼도봉(1,176m)에서 발원하여 각호산(1,176m), 민주지산(1,242m)의 북쪽 산록에서 흘러오는 물을 모아 북류하다가 추풍령에서 흘러오는 추풍령천을 영동군 황간면에서 만나 서류한다. 추풍령은 충북 쪽에서는 거의 평지를 유지하다가 경북 김천과의 경계에서 비스듬히 내려가는 고개 같지 않은 고개이다. 남쪽에 있는 눌의산(743.6m)의 북쪽 산록의 물과 백두대간에 있는 무죄골산(474.0m) 서쪽 산록의 물을 모은 물이 합쳐서 추풍령천이 된다. 추풍령 높이가 221m로 영동 쪽은 주위 해발이 높고 김천 쪽은 비스듬한 경사가 진 지형이라 터널 없이 지나갈 수 있는 순한 고개이다.

　백두대간에 있는 삼도봉에서 갈라진 산맥에 민주지산, 각호봉, 도마령(843.1m) 등 높은 산들로 이루어져 있어 많은 계곡을 잉태하여 절경을 이룬다. 그중 물한계곡이 가장 유명하다. 해마다 여름이면 중앙 언론에서 다투어 소개한다.

224

물한리에서 삼도봉 옥소폭포, 의용골폭포, 장군바위폭포
와 소와 숲이 어우러져 절경을 이룬다. 여름에는 물한계곡
은 인산인해를 이룬다.

10여 년 전 무주 구천동을 들렀다가 도마령을 넘어온 기
억이 아직도 생생하다. 49번 국도를 따라 끝없이 올라갔다
가, 끝없이 내려온 기억, 인가가 보이지 않는 길을 주행한
경험을 잊을 수 없다. 다시 가기가 어려우니 더욱 그립다.
김훈 작가가 중년에 자전거로 도마령을 넘었다고 하니 존
경하지 않을 수 없을 정도로 고개가 높고 숲이 울창하여 일
생에 한 번 정도는 넘어보는 것도 의미가 있다고 생각한다.

젊은 시절 어느 겨울날, 물한리에서 하차, 삼도봉을 거쳐 민주지산을 등반하였다. 눈이 많이 쌓인 산길을 걸으며, 부산에서 보기 힘든 설경을 즐기며 등반하였던 기억, 앙상한 가지에 붙은 상고대를 보면서 별천지에 온 기분이었다. 하산하니 마을 사람들이 마당에 솥을 걸고 돼지찌개를 팔고 있었다. 당시에 중앙 언론에 한참 소개되고 있던 시기였다. 현재는 많은 음식점과 펜션들이 들어서 있다.

초강 유역 충청도 쪽의 중심도시는 황간이다. 황간군이 1914년 영동군에 병합되었다. 황간은 경부고속도로 나들목과 경부선 황간역이 있다. 50~60년대 철도가 육로 수송의 80%를 점하던 시절 황간 근처를 열차로 와서 여행한 기행문이 국어 교과서에 실려 있었다. 그때 처음 황간을 알았고 황간이 낭만적인 곳이라는 인상이 아직도 남아 있다.

황간역은 경부선 개통과 함께 문을 열었다. 110여 년의 역사를 가지고 있다. 자동차가 많지 않았던 시절, 산촌과 계곡 풍경에 쉽게 접근할 수 있는 곳이었을 것이다. 지금은 무궁화호 10여 대만 정차하는 한적한 역이 되었다. 그러나 고향을 주제로 한 시와 그림이 새겨진 전통 옹기가 옹기종기 전시되어 있는 문화공간이 있다. 주말이면 시 낭송회와 음악회도 열린다. 기차를 타지 않더라도 역에 있는 노랑 자전거를 이용할 수 있다. 열차를 타는 낭만과 고향 풍경을 즐길 수 있는 낭만적인 구읍으로 남아 있다.

황간 구읍에서 조금만 가면 초강은 석천을 만난다. 석천은 경상북도 상주에서 발원하여 초강 본류에 맞먹을 정도로 수량이 많다. 석천과 만난 지 얼마 안 돼 바로 여섯 봉우리가 어우러진다. 초강의 물과 어우러진 별천지가 눈에 들어온다. 여기가 황간 월류봉(月留峰)으로 달이 머무는 봉우리라는 뜻이다. 포토존이 있는 데크에서 바라보면 월류봉 끝자락에 월류정이 놓여있다. 굽이치는 초강의 물은 월류정이 서 있는 절벽을 휘돌아 나간다. 휘돌아 나간 강물은 30km를 흘러 영동군 심천면에서 금강으로 합친다.

추풍령을 넘으려는 나그네가 달도 쉬어 간다는 월류봉 아래서 지친 몸을 쉬어 갔을 것이다. 월류봉 광장에서 100m 정도 지나면 송시열(1607~1689) 선생의 한천정사와 송우암 유허비가 있다. 송시열이 이곳에 잠시 머문 것은 달도 잠시 머문다는 월류봉 경치에 반해서였을 것이다. 당시로 보아 상당히 고령인 송시열 선생께 사약이 내려진 것을 생각하면, 한정된 벼슬자리를 둔 치열한 경쟁이 눈에 선하다. 그러한 전통이 아직도 우리 사회에 전해져 저출생에 영향을 미친다고 생각하니 조국의 앞날이 걱정된다.

송시열 유허비를 지나 500m 정도 강을 거슬러 올라가면 원촌교 다리가 나타난다. 다리를 건너면 반야사로 가는 8km 정도 되는 둘레길이 나타난다. 석천을 따라서 조성된 둘레길 1코스는 여울 소리길이라 한다. 월류봉에서 원촌교를 지나 석천을 따라서 데크길이 계속된다. 석천은 경상북도 상주시에서 발원, 백두대간 상주 구역 서쪽 산록의 물을 모아 초강 본류에 못지않은 수량을 가지고 있다. 강을 따라 걸으면 물소리를 벗 삼아 걸을 수 있다. 걷다가 보면 원정교를 만난다. 2코스는 산새 소리길로 명명하였다. 전형적인 농촌 풍경과 물 흐르는 소리를 들으며 걸을 수 있다. 3코스는 풍경 소리길이다. 징검다리를 건너 편백나무 숲을 지난다. 조금 걷다 보면 백화산 반야사를 만날 수 있다. 시간이 없는 여행객들은 1코스만 걸으며 달이 머무는 월류봉의 아름다운 경치를 반추한다고 한다.

08 슬픈 섬진강

　섬진강은 영산강보다 길이가 길다. 그것도 배 가까이 길지만 4대강을 영산강에 양보하였다. 영산강은 광주광역시를 포함하여 전라남도의 핵심지역을 통과하기 때문이다. 반면 섬진강은 전라북도 무진장 지역이 있는 진안고원에서 발원하여 인구가 적은 지역을 흐르기 때문에 4대강에 포함되지 못하였다.

　섬진강은 장수군 장수읍과 진안군 백운면 경계에 있는 팔공산(1,147.6m)에서 시작한다. 처음에는 북서류하다가 마이산 남쪽에서 남서류하여 옥정호를 만난다. 옥정호는 섬진강댐에 의해 생긴 인공호수이다. 섬진강댐은 일제 강점기 때부터 건설이 시작되었다. 임실군 운암면에 1930년대부터 건설이 시작되었다고 한다. 이때에는 운암댐이라고 하였다. 섬진강 유역이 아닌 동진강 유역의 넓디넓은 호남평야에 물을 공급하기 위한 유역 변경식 댐이었다.

5·16혁명 이후 훨씬 하류인 임실군 강진면과 정읍시 산내면 사이에 섬진강댐이 건설되었다. 기존 운암댐은 수몰되었다. 이 댐은 우리나라 최초의 다목적 댐이다. 진안고원에 있는 옥정호 물을 낮은 동진강 유역으로 떨어뜨려 발전을 하고 동진강으로 흘려보내는 것이다. 이 물이 지평선 쌀 생산지인 호남평야를 적시는 것이다. 더욱이 간척에 의해 생긴 부안군 계화면의 넓은 논에 물을 공급할 수 있었다.

옥정호에 의해 수몰된 곳의 주민들이 계화면에 이주하였다. 이곳 수몰민들은 그래도 행복한 편이다. 고향 땅은 수몰되었지만, 고향 땅에 저장되었던 물로 농사를 지을 수 있는 희귀한 행복을 누릴 수 있었기 때문이다. 섬진강 하류에는 홍수 예방을 할 수 있으니 3가지 목적을 달성할 수 있는 다목적 댐이다.

초등학교 시절 북한의 개마고원이 동해 가까이까지 뻗어 있다고 배웠다. 개마고원의 장진호, 허천강호의 물을 동해안으로 떨어뜨려 발전을 하였다. 이 전기로 흥남 등 함경남도 일원의 공업이 발전하였다. 해방 전에는 북한이 남한보다 공업화가 앞서 있었다고 하였다. 유효 낙차가

1,000m 정도라고 하니 발전량은 당시로는 어마어마한 것이다.

섬진강댐을 거쳐 온 물은 얼마 안 가서 김용택 시인이 살았던 진메(長山)마을을 지난다. 진메마을을 조금 지나면 협곡이 시작된다. 천담마을에서 오수천과 합류하는 적성면까지는 섬진강 최고의 절경이다. 불행하게도 접근성이 떨어진다.

섬진강의 가장 큰 지류는 보성강이다. 보성강의 유역 면적은 섬진강 전체 유역 면적의 3할 정도이다. 보성강에는 타 유역으로 물이 보내지는 댐이 3개나 있다. 가장 먼저 건설된 댐은 1930년대에 세워진 보성강댐이다. 2.5km가량의 터널을 통과하여 발전을 하고 득량천으로 흘러간다. 이 물이 득량만 간척지에 이용된다. 2번 국도를 타고 가다 보면 벌교 조금 지나 넓고 평평한 평야가 나타난다. '큰 강이 없는데 어떻게 이런 평야가 있는가?' 의문을 가졌었다. 그리고 '저 넓은 논에 어떻게 물을 대는가?' 의문을 가졌었다. 최근에 건설된 순천-영광 고속도로는 보성강 유역을 통과하여 득량만의 넓은 들은 볼 수가 없다.

보성강의 지류인 동복천에 동복댐이 건설되었다. 영산강 유역은 사람이 많이 살고 논밭이 많아 관개용수도 많이 필요하다. 영산강 유역 댐들의 물은 주로 관개용수로 쓰인다. 산속에 있는 동복호의 물은 광주광역시 상수도용으로 공급된다. 1985년 7월에 완공되었다. 유역 면적은 얼마 되지 않지만 저수용량이 1억 톤에 가까운 만만찮은 댐이다. 23번 군도가 동복호 서쪽을 통과한다. 동복적벽과 함께 호반의 아름다운 경치를 즐길 수 있다.

동복면은 김삿갓 선생께서 말년을 보낸 곳이기도 하다. 동복천 하류 곳곳에 김삿갓 선생의 시비가 세워져 있다.

순천시 주암면에 주암댐이 1992년에 건설되었다. 이 댐은 저수용량이 5억 톤에 육박하는 큰 댐이다. 주암호의 물은 조정지인 상사호를 거쳐 순천, 여수의 공업용수와 생활용수로 공급된다. 상사호는 호남고속도로 승주 IC에서 낙안 전통마을로 갈 때 볼 수 있는 호수이다. 18번 국도가 주암호 동쪽 호안을 따라 뻗어 있다.

저녁녘에 18번 국도를 타고 가면 저녁놀이 주암호에 어

232

려 있는 모습은 장관이다. 순천 송광사에 갈 기회가 있으면 18번 국도를 타고 주암 IC로 가면 주암호반의 풍경과 고인돌 공원에 전시된 옛사람들의 생활 모습들을 관람할 수 있다. 유역 면적에 비해 주암호가 엄청나게 크다는 느낌이 들었다.

섬진강 제1지류인 보성강은 3개의 댐에 의해 유역 밖으로 물을 공급당하고 있는 것이다. 댐은 원래 폭우나 장마 때 물을 가둬 두었다가 이용한다. 홍수 조절 기능도 하고 하천 유지수도 흘려보낸다고 한다. 이러한 최소한의 하천 유지수도 무사하지 못하다.

여천화학공단 공업용수를 위해 광양 수어천을 막아 수어댐이 건설되었다. 여기에 1990년대에 건설된 포스코 광양공장이 건설되었다. 더 많은 공업용수가 필요하게 되었다. 최소한의 하천 유지수가 다압 취수장에서 취수되어 수어 저수지로 저장된다. 이 물이 포스코와 광양의 많은 산업 시설에 공급된다.

섬진강은 영산강 유역의 생활용수, 동진강 유역의 호남

평야의 농업용수, 여수 순천 광양의 공업용수 및 생활용수
로 사용되고 있다. 섬진강 유역에 있는 사람들이나 시설들
에 이용되는 물보다 몇 배나 많은 물들이 다른 유역의 그것
들에 이용되고 있는 것이다. 그런데도 4대강의 영예는 길
이가 반 정도밖에 안 되는 영산강에 양보하고 있는 것이다.

5장.
기억의 자리,
사유의 길목

01 박물관의 고장

영월은 박물관의 고장이다. 20여 개의 박물관이 영월군 곳곳에 있다. 박물관 특구로 지정되어 전국 유일의 박물관도 더러 있다고 한다.

영월이 왜 박물관의 고장이 되었을까? 영월은 50년대 초까지 외부와 격리된 두메로 유명하였다. 소나기재 등 도로로 접근하기가 무척 어려웠다. 동강과 서강이 영월읍에서 만나 남한강으로 합쳐지는 고장이기 때문에 그야말로 고립된 고장이었다.

석탄 개발은 영월에서 시작되었다고 한다. 영월군 북면 마차탄광이 1935년 시작되었다. 여기서 생산된 석탄이 영월 화력발전소 연료로 사용되었다. 영월 화력발전소는 50년대까지 국내에서 가장 큰 발전소였다. 영월 화전에서 발전된 전력은 태백, 사북 등 그 뒤에 개발된 탄광의 각종 장비를 가동하는 데 요긴하게 사용되었다. 여기에 영월군 상

동읍의 중석도 개발되어 영월은 전성기를 맞이하였다,

한때는 영월읍 인구가 시 승격이 거론될 정도로 번성하였다. 다른 군 소재지 고등학교는 농업고등학교가 대부분이었는데 영월은 공업고등학교가 해방 직후에 설립되었다.

석탄 개발을 위해 1956년에 제천에서 태백선이 개통되었다. 철도가 개통된 뒤 영월은 정선, 태백 등 탄광지대의 행정수요를 감당할 관청이 들어서기 시작하였다. 70년대 중반에는 군 지역에는 유일하게 KBS방송국이 들어설 정도였다. 중학교가 세 곳, 초등학교가 세 곳, 고등학교가 세 곳일 정도로 영월읍은 화이트칼라 직장인들이 많았다.

이렇게 번성하던 영월은 90년대 초 탄광정비 사업으로 직격탄을 맞았다. 80년대 중반 중국의 세계시장 참여로 중석 채굴도 중단되었다. 영월 화력발전소도 전력수요가 피크일 때만 가동되는 조그만 가스발전소로 축소되었다.

같은 운명을 맞이한 태백시는 대한체육회 여름훈련장 등

이 들어섰다. 정선군은 내국인이 유일하게 이용할 수 있는 카지노, 강원랜드를 운영한다. 영월군은 박물관 특구로 지정되었다.

20여 개의 박물관 중 동강 사진 박물관과 호야 지리 박물관, 김삿갓 박물관이 여행과 관련된 박물관이다. 중앙고속도로 제천 나들목에서 38번 국도가 자동차 전용도로로 개설되어 접근성이 아주 좋아졌다. 소나기재 등 운전자를 괴롭히던 고갯길은 터널길로 바뀌었다.

동강 사진 박물관은 국내 최초 공립 사진 박물관이다. 영월군청 바로 옆에 있는 2층 박물관 건물은 강원도 경관 우수 건축물로 상을 받았다고 한다. 전몽각 사진가의 딸이 갓난아기 때부터 26세 때 시집갈 때까지의 사진이 인상 깊었다. 50년대 서울 풍경 사진 등 한 번쯤 가볼 만하다. 시대별로 사용되었던 카메라도 전시되어 있어서 흥미로웠다. 영월읍은 동강을 사이에 두고 시가지가 전개된다. 영월역에서 군청으로 가는 길에 영월대교를 건넌다. 대교 밑으로 동강이 흐르는 모습을 볼 수 있다. 영월대교에서 서쪽으로 보면 낙화암이란 절벽이 보인다. 동강이 흐르는 모습과 낙화암을 보는 것만으로 동강에 온 기분을 어느 정도 느낄 수 있다.

　낙화암 위에는 금강정이 있고 금강공원이 있다. 금강공원에서 바라보는 동강 풍경도 볼 만하다. 금강공원 근처에 라디오 스타 박물관이 있다. 2004년 KBS 영월방송국이 문을 닫았다. 감사원 감사에서 청취자가 적고 자체 제작 프로그램이 적다는 이유로 지적되어 폐지되었다고 한다. 영월군에서 인수하여 라디오 스타 박물관으로 개조되었다.

　방송국이 문을 닫았지만, 시설은 남아 있어서 2006년 〈라디오 스타〉라는 영화를 촬영할 수 있었다. 박중훈, 안성기 씨가 주연한 영화로 세간의 주목을 받은 영화였고, 영월이란 고장을 전국에 알린 이 영화와 관련된 뒷이야기와 관련된 자료들을 전시하고 있다. 옛 추억에 잠겨 보고 싶은 분들은 한 번쯤 둘러볼 만하다. 라디오의 탄생에서 발전 과정까지의 자료도 전시하고 있어서 영월까지 갔다면 둘러볼 것을 권하고 싶다.

동강이 있으면 서강이 있을 것이다. 영월읍 시가지와 조금 떨어진 서강은 평창강과 주천강이 영월군 한반도면에서 합쳐져서 서강이 된다. 영월읍을 흐르는 서강이 영월읍을 흐르는 동강보다 경치가 조금 더 좋다. 이 두 강이 영월읍 하송리에서 합쳐져 남한강이 된다.

주천강 상류에 수주면이 있었는데 2016년 11월 무릉도원면으로 이름을 바꾸었다. 수주면에 무릉리와 도원리가 있는데 이 두 마을의 이름을 따서 이름을 바꾸었다고 한다. 무릉리, 도원리라는 이름도 그냥 지어진 것이 아닐 것이다. 무릉리에서 들어가는 법흥계곡은 경치가 좋아 캠프장과 펜션이 줄을 잇고 있다. 법흥계곡 30리를 지나면 법흥사가 자리 잡고 있다. 무릉도원면으로 이름을 바꾸고 난 뒤 인구가 늘고 있다고 한다.

무릉도원면 소재지에 호야 지리 박물관이 있다. 국내 유일의 지리 테마 박물관이라고 한다. 호야 양재룡 선생님이 사재를 털어 건립한 사립 박물관이다. 선생께서 평생 수집한 자료를 전시하고 있다. 특기할 것은 독도가 대한민국 국토라는 증거가 되는 각종 자료를 전시하고, 광개토 대왕

비 탁본, 지구의, 지도 등을 전시하여 재미있는 지리, 함께
하는 지리를 표방하는 박물관이다.

한편으로는 부럽기 그지없다. 평생을 지리와 함께 살고
은퇴 이후에도 지리와 함께 살고 있으니, 여한이 없을 것
같다. 근처에 있는 요선암 돌개구멍의 경치와 함께 여생을
행복하게 사시기를 기원해 본다.

무릉도원면으로 가려면 중앙고속도로 신림 나들목에서
나와 88번 국도를 타고 영월군 주천면 소재지까지 오면 무
릉도원면 소재지 무릉리가 지척이다.

자동차에 내비게이션이 장착되면서 지도가 운전자로부
터 멀어졌다. 90년대 자동차가 보급되기 시작하면서 날개
돋친 듯 팔리던 지도책이 서점에서 사라지고 있다. 따라서
지리에 대한 관심도 함께 사라지고 있다. 지도를 보고 스
스로 여행계획을 세우는 설렘의 매력, 미지의 장소에 대한
호기심을 키우는 것이 좋지 않을까?

영월군 김삿갓면(구 하동면)은 충청도와 경상도 강원도의

경계에 위치한다. 김삿갓의 묘소가 있고 김삿갓 문학관과 시비, 기념물이 와석계곡 끄트머리에 자리 잡고 있다. 우리나라에는 음유시인이 드문데 민중이 하는 말과 지식인이 구사하는 글이 달랐기 때문일 것이다. 그런 환경에서 전국을 방랑하며 많은 시를 남긴 김삿갓 김병연 시인을 존경하는 기회를 가질 수 있다.

02 백두대간 수목원

백두대간 수목원이 개원했다. 아시아에서 제일 큰 수목원이고, 세계에서 두 번째 큰 수목원이라고 한다. 강원도, 충청도, 경상도의 접경지역에 세워졌다. 비록 산간벽지에 세워졌지만 교통은 좋은 편이다.

남한에 있는 백두대간(白頭大幹)의 거의 중간에 위치한다. 88번 국도로 영월 동강과 봉화 춘양이 지척이다. 915번 지방도로, 영주 부석사가 가깝다. 백두대간 수목원을 관람하고 오후 늦게 부석사 안양루에서 그 유명한 석양을 볼 수 있다. 수목원을 흐르는 운곡천을 따라 88번, 35번 국도를 따라가면 수십 분 안에 낙동강 상류와 청량산이 만나는 절경을 만날 수 있다.

88번, 36번 국도를 따라가면 분천역이 나온다. 낙동강 상류 협곡열차를 타고 하늘도 세 평, 꽃밭도 세 평, 승부역을 볼 수 있는 행운을 맛볼 수 있다. 36번 국도는 옛 36번 국도가 아니다. 운전자를 괴롭히던 구불구불 고갯길이 직선 터널길로 바뀌었다. 이러한 직선길은 울진 불영계곡까지 연결된다.

산림청의 국토녹화 사업이 완벽하게 끝났다. 세계에 자랑할 정도의 모범 사업이라고 한다. 이제부터 산림유지 사업과 산림이용 사업을 해야 한다. 산림유지 사업은 각 지방 단체와 협력하여 산불방지 사업과 간벌 사업 등을 하고 있다.

산림을 이용하는 전통적인 일은 목재를 이용하는 일이다. 백두대간 수목원이 있는 춘양면에 전국 유일의 임업고등학교가 있다. 그런데 이 학교 졸업생의 가장 큰 꿈은 산림 관련 공무원이라고 한다.

목재를 수입하는 것이 국내 산림을 벌채, 수집 이용하는 것보다 싸다고 한다. 비가 많이 오는 열대지방은 나무 성장속도가 여섯 배 빠르다. 상하(常夏)의 기후라 나이테도 없다. 그리고 우리나라는 인구밀도가 높아 평지는 농지와 주거지로 대부분 이용된다. 숲은 당연히 산에만 있다. 숲을 관장하는 관청은 산림청(山林廳)이다. 미국이나 러시아 등

산림대국은 평지에 숲이 우거져 있다. 목재 수집 운반비용은 비교가 되지 않는다.

그렇다면 산림을 즐기는 일이 남아 있다. 숲은 인류의 고향이라 할 수 있다. 우리의 조상님들은 대부분의 기간을 숲에서 살았다. 우리의 DNA에는 숲을 그리워하는 유전자가 잠재해 있을 것이다. 이러한 사실이 곳곳에 수목원이 설립되고, 많은 사람들이 수목원에 가는 이유이다.

백두대간 수목원은 기존 수목원과 차원이 다른 수목원이다. 우선 규모가 다르다. 5,000ha에 달하는 광활한 면적에 전시원(展示園)이 27개이다. 무공해 전기 트램이 운행되어 가장 위에 있는 호랑이원 근처까지 수시로 운행한다.

백두대간 수목원의 백미는 호랑이원이다. 축구장 일곱 개 넓이의 호랑이 숲, 주로 춘양목 소나무 숲이다. 춘양목 숲 사이에 어슬렁거리는 호랑이를 보면, 동물원에서 낮잠 자는 호랑이를 보는 것과는 차원이 다르다.

우리나라 숲에는 호랑이가 많았다고 한다. 호랑이 관련

이야기가 많고, 호난(虎亂) 관련 이야기가 많은 것은 이러한 사실을 입증한다고 할 수 있다. 호랑이가 사라지고 숲이 우거지니 또 다른 불상사가 일어나고 있다. 멧돼지와 고라니의 창궐이다. 산골 논밭이 잡초로 뒤덮이는 이유 중의 하나가 야생 동물들의 습격이다. 환경론자들의 주장으로 산촌의 텃밭들이 위협받고 있다.

100여 대 주차할 수 있는 주차장에 주차하면 방문자 센터가 넓게 자리 잡고 있다. 여기서 영상자료 등으로 숲에 관한 기초 지식을 습득할 수 있다. 입장료를 어른 5,000원을 받고 있고 전기 트램 탑승료를 받고 있다. 넓은 전시원과 길 주위를 관리하는 일을 생각하면 당연하다고 생각한다. 얼마 안 되는 텃밭과 농촌 주택을 관리해 본 입장에서 생각하면 더욱 그렇게 생각한다. 대신 새로운 일자리를 창출하는 데 일조한다고 생각하면 된다.

식물 다양성을 보존하기 위해 종자보관소(Seed Vault)를 동굴 형태로 건설하여 우리나라 식물 종자뿐 아니라 세계 각국의 식물 종자를 보관하고 있다. 백두대간 고산지대에 주로 자라고 있는 식물들을 연구하는 연구동이 있다. 입구

246

근처에 어린이들이 숲과 친하게 지낼 수 있는 시설들이 있
다. 여기에는 예약이 필요하다고 한다. 특히 주말 예약 경
쟁은 치열하다고 한다.

트램을 타고 가장 높은 곳에 있는 호랑이원 근처에서 내
려오면서 관람하는 것이 좋다. 암석 지대에 주로 자라는
식물들과 암석들, 그 사이에 흐르는 물, 그리고 힘차게 뿜
어 올라가는 분수를 볼 수 있는 암석원이 있다. 자작나무
원은 자작나무가 조금 더 자랐으면 하는 아쉬움이 있었다.
야생화 언덕, 주위 숲과 산봉우리가 비치는 거울 연못 등
내리막을 내려오면서 즐거운 트레킹을 할 수 있다. 백두대
간 자생식물원에 가면 이제껏 보지 못했던 식물들을 볼 수
있다.

백두대간 수목원 관람 후 915 지방도로를 주행, 영주 부
석사 사하촌에서 식사하고, 조금 내려와 935번 도로를 따
라가면 마구령을 넘는다. 아직 대형 버스가 지나갈 수 없
는 좁은 길이다. 수목원에서 느낄 수 없는 한국의 전형적
인 숲을 만끽할 수 있다. 고개를 넘으면 부석면 남대리이
다. 백두대간을 넘어 한강수계이지만 경상도 땅이다. 개발

열기에 의해 도로가 확장될까 두렵다. 보존된다면 백두대
간 숲의 속살을 길이 볼 수 있어 백두대간 수목원을 본 감
동과 상승 작용을 할 것으로 기대된다.

03 삼국유사면

삼국유사면이 생겼다. 경북 군위군 고로면이 2021년 1월 1일부로 삼국유사면으로 바뀌었다. 일연 스님께서 70대, 말년 5년을 고로면 인각사에서 보내시면서『삼국유사』를 집필하셨다고 한다. 인각사는 위천 상류 평지에 있다. 몇 년 전에 갔을 때 절터만 있고 간이 건물로 된 일연 기념관 한 채와 절 전각 한 채만 있었는데 최근에 가니 여러 채 건물이 세워져 있었다.

『삼국유사』를 집필한 인각사가 고로면에 있으니, 그것을 기려서 삼국유사 하면 인각사, 인각사 하면 고로면이 되어야 하는데, 삼국유사 기념 장소가 고로면 외 곳곳에 생기니 위기의식이 들었을 것이다. 2020년 건설비 1,000억 원 이상을 들인 삼국유사 테마파크가 이웃 의흥면에 개장하여 더욱 위기의식을 느꼈을 것으로 짐작된다.

삼국유사면은 군위군 가장 동쪽에 있는 면이다. 군위군과

의성군 물을 모아 낙동강으로 흘러 들어가는 위천의 최상류이고, 위천의 원류가 삼국유사면에 있다. 2010년 군위댐 건설로 면사무소, 고로초등학교, 고로중학교 등이 수몰되었고 군위댐 근처 언덕에 면사무소가 이전하였다. 군위댐 건설로 고로면 중심부가 수몰되어 피해가 막심한데 삼국유사 테마파크가 이웃 의흥면에 건설되어 무척 섭섭하였을 것이다. 4차선으로 확포장되고 있는 28번 국도가 지나는 등 접근성이 좋아서 의흥면에 건설되었을 것으로 추측된다.

원래 인각사 터도 수몰될 뻔하였는데 당시 고로면 주민들의 맹렬한 반대로 상류로 옮겨졌다고 한다. 군위댐은 다목적 댐이지만 홍수 조절과 하천 유지 기능이 가장 크다고 한다, 군위호는 그 자체도 아름답지만 화산마을에서 바라보는 새벽안개 풍경이 더 좋다고 한다. 삼국유사면 제1경은 화산마을 전망대에서 바라보는 고랭지 배추밭 풍경과 새벽안개가 피어오르는 군위호라고 한다. 멀리 있는 사람들은 새벽에 접근하기가 힘드니 이슬비 내리는 8, 9월 어느 날을 택해서 가면 좋을 것이다.

화산(828.6m) 북쪽 사면은 경사가 그리 급하지 않은

700m 이상의 비스듬한 고원지대이다. 남부지방에서 보기 힘든 고랭지 채소를 재배하고 있어서 강원도 태백까지 가지 않아도 남쪽 지역에서 보기 힘든 고랭지 배추밭 풍경을 볼 수 있다.

28번 도로에서 화산마을로 접근하는 도로도 숲속으로 지나는 도로이기 때문에 등산하지 않아도 숲의 속살을 보는 즐거움을 맛볼 수 있다. 전망대에는 풍차도 세워 놓아 사람이 지내기에 가장 좋다는 700고지에서 지내는 기분을 만끽할 수 있다. 산촌의 인구는 줄고 있다고 하는데 이곳의 인구는 조금씩 늘고 있다고 한다.

인각사 맞은편 위천변에는 언덕 전체가 암석으로 되어 있는 학소대가 있다. 천여 년 전에 일연 스님이 거닐었던 길을 학소대를 바라보며 걸을 수 있도록 트레킹길을 잘 정비해 놓았다. 저 물은 천 년 전이나 지금이나 덧없이 흘러가도 저 바위는 지금이나 그때나 그 자리에 그 모습 그대로 서 있는 것이다.

군위댐 밑에는 일연공원이 있다. 일연공원은 비교적 넓

은 부지에 각종 시설들을 설치하여 볼 것들이 많다. 공원 옆 위천 상류에 바위로 된 높은 언덕이 있다. 그 언덕에 100m가 넘는 인공폭포가 있고 강가에 캠핑카가 머물 수 있는 시설도 있다. 인공폭포는 국내에서 가장 높다고 한다. 비록 인공폭포이지만 장쾌한 폭포의 모습은 볼만하다.

일연공원에서 가장 인상 깊었던 곳은 일연 스님의 일대기와 『삼국유사』의 특징을 설명한 판을 영구적으로 야외에 설치한 것이다. 70대 노후에 각종 애로를 무릅쓰고 용맹정진한 결과, 잊힐 뻔했던 건국 설화와 향가들이 후세에 전해질 수 있었다. 그러한 사실들이 일목요연하게 기록되어 있다. 몇 년 전에 왔을 때는 인각사 구내에 조그만 간이건물 내에 패널식으로 설치되어 있었는데, 지금은 일연공원 야외에 영구적으로 설치되어 있다.

일연 스님은 단순히 전해오는 역사와 향가, 설화만 기록한 것이 아니고 시도 창작한 작가였다고 한다. 『삼국유사』도 한 권이 아니고 방대한 저작이었다고 한다. 그것도 이러한 산골에 칩거하면서 몰입하여 집필하였으니 존경스럽다. 백세시대를 맞이한 후세 은퇴인들의 귀감이 되고도 남는다.

다른 곳에 고로면, 현 삼국유사면의 수몰 전의 모습들을 사진으로 영구 전시한 곳이 있다. 특히 인상 깊었던 것은 고로초등학교의 기록들이다. 70년대 중반의 조회 모습과 90년대 중반의 조회 모습이 너무나 대조적이었다. 70년대 중반에는 수백 명의 학생들이 운동장이 좁게 도열하고 있었다. 20년 뒤에는 각 학년 7~8명 정도가 듬성듬성 서 있는 모습이 너무 대조되었다. 90년대 중반은 IMF 경제위기가 오기 전이다. 우리나라 저출산이 본격화된 것이 90년대 말 경제위기라고 하는데, 그전에 산촌의 인구가 크게 줄었다는 증거를 적나라하게 보여주고 있는 것이다.

삼국유사면에는 초등학교가 세 곳이 있었다고 한다. 면소재지에 있던 고로초등학교는 수몰되고 다른 한 곳은 폐교, 다른 한 곳은 분교로 강등되어 존속하고 있다고 한다. 이러한 학교는 학생 수보다 직원 수가 2~3배 많다. 초등학교가 없는 면도 많아, 노란 버스가 먼 곳에 있는 학생들을 등하교시키고 있는데 너무 멀면 분교를 유지한다.

삼국유사면을 관통하는 908번 도로를 달리다 보면 널찍한 주차장이 보인다. 산골에 어울리지 않는 아주 넓은 주차장이다. 남쪽을 보면 다리가 놓여 있고 아기자기한 기암괴석이 보인다. 여기가 군위 아미산(739m)이다. 초입에 있는 암릉 구간은 축소한 설악 공룡을 연상시킨다. 앵기랑 바위가 가장 볼 만하다. 30분 정도 암릉 구간만 등반하고 하산하면 설악산 공룡 능선을 탄 기분을 느낄 수 있다.

908번 도로를 계속 주행, 고개를 넘으면 35번 국도를 만난다. 35번 국도를 타고 남으로 주행하면 영천−상주 고속도로 동영천 IC를 탈 수 있다. 큰마음 먹고 차를 몰고 나서, 하루를 투자하여 삼국유사면 산골의 여기저기를 보는 것에 더해, 나이를 먹어도 몰입하면서 살아야겠다는 결의를 새롭게 할 수 있는 기회를 가질 수 있다.

04 가사문학면

'가사문학면'이 있다. 지역행정면에 '문학'이라는 말이 들어간 것은 상당히 이례적이다. 광주광역시의 진산인 무등산 북쪽 산록의 물을 모아 흐르는 증암천 연변에 있는 지역으로, 광주광역시 북구와 인접하고 있다. 증암천은 지실천으로 불리기도 하지만 국립지리원 인정 지도에는 증암천으로 나와 있다. 전라남도 담양군 남면이었는데 2019년 2월 가사문학면으로 지명을 개칭하였다.

증암천 중류에 댐을 막아 광주호가 조성되었다. 농업용 댐으로 건설되었지만 광주와 가깝고, 호수 끝 부근에 그림자도 쉬어 간다는 식영정이 있다. 그림자도 쉬어 간다는 식영정에서 조선시대의 문신 정철이 『성산별곡』을 집필하는 등, 가사문학을 발전시킨 중심지라는 의미와 광주호 풍광이 문학적 의미를 갖게 되었다. 이에 담양군은 식영정 옆에 가사문학관을 2000년 11월 개관하였다.

가사문학관은 18편의 가사문학과 1만여 점의 자료를 전시하고 있는데 그 중심에는 정철의 『관동별곡』, 『사미인곡』, 『속미인곡』 등 정철 문학 중심으로 전시되고 있다. 정철은 이 지방에서 자라고, 벼슬에서 물러나 이 지방에서 유배 생활을 하며 『속미인곡』, 『성산별곡』 등 수많은 작품을 남겼다. 가사문학관은 한옥식으로 크게 지었는데 담양군에서 세웠다고 한다. 가사문학이라고 하지만, 정철 작품 위주로 전시되어 있어서 거부감이 느껴졌다. 『사미인곡』, 『속미인곡』은 유배된 입장에서 임금님이 다시 찾아줄 것을 절절히 원하는 내용들이다. 이러한 내용은 정철뿐만 아니라 당시 선비들의 지배적인 생각이었을 것이다. 우리나라의 가장 절실한 저출생 문제의 원류를 보는 것 같아 씁쓸한 생각이 든다.

일본의 어느 인구문제 전문 학자가 우리나라의 저출생 문제의 핵심은 한 줄 세우기 가치관에 있다고 분석하였다. 자녀의 능력이나 적성은 전혀 고려하지 않고 의사, 대기업 입사 아니면 실패한 것으로 생각한다는 것이다. 의대나 스카이 관련 학과에 넣기 위해 어릴 때부터 처절한 경쟁이 시작되고 비용과 사는 내용이 자녀 교육이 중심이 되니 자기 생활이 없어져서 자녀 출산을 기피하게 된다는 것이다. 안타까운 일이 아닐 수 없다.

보수 차가 많아서 그렇다고 한다. 현장과 간부로 일하는 조카가 둘 있다. 한 명은 대학을 나오지 않고 현장에서 근무하고, 한 명은 국영기업의 부장으로 근무한다. 최근에 알아보니 현장에서 근무하는 조카가 연봉이 높다고 한다. 이러한 현상이 일반화되었는데 학부모들은 아는지, 모르는 척하는지 모를 일이다. 물론 현장에서 일하는 조카는 야간근무와 연장근무도 한다. 부장으로 근무하면 야간근무도 하고 일이 해결되지 않으면 퇴근 이후에도 계속 근무하여야 하고, 업무능력을 높이기 위해 대학원 진학 등 자기 계발을 위해 돈과 시간을 투자해야 한다. 여기에 대한 보상은 거의 없다.

가사문학관을 나오면 광주댐이 있다. 광주댐에 의해 조성된 광주호는 규모는 크지 않지만 광주라는 대도시에서 가까워 잘 꾸며 놓았다. 식영정은 그림자가 쉬고 가는 정자라는 의미도 있지만, 세파에 시달리는 모든 것을 그림자로 생각하고 그것을 내려놓는다는 의미도 있다고 한다. 식

영정 아래에는 정철과 동료들이 놀던 낚시터, 노자암, 서
석대 등 경치 좋은 곳이 있었지만 모두 광주호에 잠겨 버
렸다. 대신 광주호와 주위에 꾸며놓은 광주호 생태공원과
둘레길 풍경이 분위기를 살려주고 있다.

식영정에서 집필했다는 『성산별곡』은 별로 중요시하지
않는 감이 있다. 오늘날 시각에서 보면 더 소중한 내용으
로 이루어져 있다고 보아야 한다. 서사로 시작하여 춘경,
하경, 추경, 동경, 결사로 이루어진 가사이다. 식영정과 성
산의 임천 사이를 소요하던 생활과 감성을 노래한 가사이
다. 독서와 음주, 탄금을 읊고 있다. "듣거니 보거니 일마
다 선간이다."라는 내용이 성산별곡의 결사이다. 가사문학
관에 전시된 성산별곡을 읽고 광주호 둘레길을 일주하며,
성산별곡을 집필한 작가의 시흥을 재현해 보는 것을 권하
고 싶다.

가사문학관에서 낯익은 가사를 발견하였다. 정극인의
『상춘곡』이다. 고등학교 국어 교과서에 실린 작품으로 반
가웠다. 정극인은 조선 전기 문신 겸 학자로 쉰이 넘어 문
과에 급제하였다. 급제한 지 얼마 안 되어 단종 폐위 뒤 벼

258

슬을 그만두고 고향인 태인 현으로 낙향하였다고 한다. 쉰이 되어 겨우 급제하여 얻은 벼슬자리를 초개같이 버린 대신에, 조선시대 최초의 가사인『상춘곡』을 남겨 많은 사람들의 심금을 울렸고 조선의 가사문학의 토대를 놓았다.

고등학교 시절 고문을 공부할 때, 처음에는 힘들었지만 어느 정도 지나니 고문의 흐름을 알 수 있었다. 그중 하나가『상춘곡』이다.『상춘곡』은 시험만을 위해서 공부하지 않았다. 그 결과 그것을 공부한 지 50여 년이 지난 지금도 봄이 되면 흥얼거린다. 특히 "꽃나무 가지 꺾어 수놓고 먹으리라. 화풍이 건듯 불어 녹수를 건너오니 청향은 잔에 지고 낙홍은 옷에 진다."라는 구절은 명구절 중의 명구절이라고 생각한다. 봄나들이에서 나도 모르게 이 구절을 읊으면 다들 이상한 눈으로 바라본다.

가사문학관 앞을 지나는 887번 지방도를 따라 조금 내려가면 소쇄원이 나온다. 소쇄원 주차장에 주차한 차량이 가사문학관 주차장에 주차한 차량보다 더 많아 보인다. 소쇄원은 유홍준 교수가 집필한『나의 문화유산 답사기』첫머리에 나오는 조선 중기의 정원이다. 자가용이 본격적으로 보급되기 시작한 시기와 맞아떨어져 수많은 사람이 방문하였다. 10만분의 1 지도와 『나의 문화유산 답사기』에 의지해 많은 사람들이 드라이브를 하던 시기였다.

소쇄원은 조선 중종 때 문신 양산보가 조성하였다. 조광조의 제자인 양산보는 스승이 별세하자 벼슬을 그만두고 이곳에 은둔하며 소쇄원을 조성하였다고 한다. 많은 사람들이 소쇄원을 자연 친화적인 한국식 정원의 표준이라고 한다. 조그만 폭포, 조그만 연못, 홈통을 타고 흐르는 시냇물 등 오밀조밀한 맛은 있으나 많은 사람이 둘러보기에는 규모가 너무 작다는 느낌이 든다.

가사문학면에 가기 위해서는 호남고속도로 창평나들목에서 나와 우회전 60번 국도를 타고 고서면 소재지에서 887번 지방도를 타고 남쪽으로 가면 광주호, 식영정, 가사문학관 등에 다다를 수 있다. 887번 지방도를 타고 계속 남하하면 동복호와 김삿갓 시비가 여기저기 세워져 있는 화순군 동복면에 다다를 수 있다.

05 여울

여름밤의 여울 소리가 생각난다. 특히 여름 달밤의 여울 소리는 아련한 추억 속에서 자리 잡고 있다. 어린 시절, 고향에서 들었던 여울 소리가 문득문득 생각이 나서 못 견딜 정도가 될 때도 있다. 어린 시절 추억의 한 부분을 차지하게 한 여울은 흔적도 없이 사라졌다. 60년대 중반 이후, 이웃 도시(부산)의 팽창을 위한 골재 채취에 의해 알뜰하게 사라진 것이다.

고향을 떠난 지 10여 년이 지나 청년이 되었다. 오랫동안 꿈꾸어 오던 남한강 상류를 트레킹하기로 하였다. 영월 고씨동굴에서 도담삼봉까지 1박2일로 1인 도보여행을 하기로 하였다. 이 시절에 가지 않으면 영원히 가지 못하고 말 것이라는 염려로 결행하기로 한 것이다.

일제 강점기에 도로 개설이 계획되어 도로는 개설되어 있으나 교량은 부설되지 않은 상태였다. 일제가 일으킨 중일전쟁, 중일전쟁에 의한 태평양 전쟁, 해방 후 혼란기, 6·25전쟁 등으로 70년대 중반까지 방치 상태로 있었다. 강을 따라 강변길을 걷다 보면 절벽으로 길이 막히기를 여러 번 당하였다. 나룻배가 있었으나 뜨내기에게는 비싸게 요구하였다. 영월에서 제천으로 돌아 단양으로 가는 열차 삯보다 더 높았다. 억울한 생각이 들어 여울로 건너기로 하였다.

남한강은 고향 양산천과 비교가 되지 않았다. 그 유명한 동강과 서강이 영월읍 남쪽에서 합수한 강이 남한강이다. 고수동굴 조금 아래에서 여울을 건넜다. 수량이 엄청났다. 어릴 때 등교를 위해 여울을 건너던 경험으로 건넜다. 비 온 뒤 증수(增水)된 물을 동급생과 손잡고 건너던 기억이 생각났다. 당시에 교량은 오리 위에 있었고 그 다리를 건너면 돌아서 내려와야 했었다. 최근에는 고향 동네에 없던 교량이 세 개나 생겼다. 격세지감을 느낀다.

5, 6회 건넜던 것으로 기억한다. 힘은 들었지만 우렁찬 여울 소리, 가슴까지 차는 힘찬 여울 물결, 살아 있다는 것을 실감할 수 있었다. 강 중간에 갔을 때는 '푸른 강물과 푸

른 하늘 속에 내 몸이 잠겨 있는 것이 아닌가.'라는 느낌이 들었다. 큰 강이고 상류여서 여울 밑쪽에는 바위들도 군데 군데 있는 위험한 곳이었다. 젊은 혈기로 건넜지만 다시는 겪지 못한 여울 건너기였다.

여울을 건너며 걷던 남한강변 풍경은 너무나 황홀했다. 담배를 말리는 진흙으로 만든 건조막이 군데군데 있었다. 7월 말 염천 하에서 무연탄을 물에 개어 불에 넣던 풍경이 눈에 선하다. 한참을 내려가니 강변 산 전체가 기암괴석으로 되어 있었다. '이름난 곳도 아닌데 이렇게 아름다운 곳이 있을 수 있느냐.'라고 외칠 뻔했다. 나중에 알았지만 이 곳이 영춘 북벽이라는 곳이다. 요즈음도 1, 2년에 한 번씩 가지 않으면 못 견딜 정도로 인상 깊은 곳이 되었다. 90년 대 중반 이후 단양읍에서 영월읍까지 도로가 확포장되고 교량도 부설되어 접근성은 좋아졌으나 옛 기분은 나지 않는다.

당시의 1박2일 남한강 여울 여행은 나에게 평생 취미를 선사하였다. 그때부터 은퇴한 지금까지 전국의 강 풍경을 찾아다니는 즐거움을 누리게 된 것이다.

세월이 훨씬 흘러 중년 교수 시절, 울진 불영계곡을 거쳐 태백으로 여행하기로 마음을 먹었다. 운전을 하지 않던 시절이라 버스로 가기로 하였다. 일단 영주행 버스를 타고 현동에서 태백행 버스로 갈아타기로 하였다. 이러한 정보는 지도에서 얻은 정보이다. 영주행 버스를 타고 가다가 만난 아저씨가 분천역에서 내려 열차를 타고 가는 것이 좋다고 하였다.

분천역에서 하차하였다. 기차 시간이 한 시간 반 정도 남아서 근처에 있는 낙동강 상류 강변으로 갔다. 기대하지도 않았던 여울을 볼 수 있었다. 역 앞 구멍가게에서 산 막걸리를 마시며 감회에 잠겼다. 비록 여름밤은 아니지만 제대로 된 여울 소리를 들으며 어린 시절로 되돌아간 기분이었다.

열차를 타고 바라본 낙동강 상류의 협곡, 곳곳에 있는 여울들, 취흥에 바라본 풍경들은 지금까지 잊을 수 없다. 분천 다음에 정차한 조그만 역, 승부역 하늘도 세 평, 꽃밭도 세 평, 아주 좁은 역이 인상 깊었다.

최근 분천, 철암 간 낙동강 협곡 열차로 전국적인 인기를 누리고 있는데 나는 이 열차가 생기기 10여 년 전에 낙동강 협곡을 보는 행운을 누리게 된 것이다. 관광열차를 타면 느릿느릿 달리고 승부역에서 20여 분간 정차하여 여울이 흐르는 모습과 여울 소리를 들을 수 있게 해준다고 한다. 월요일은 휴무이고 예약은 필수인데, 관광버스로 예약된 단체손님이 오면 낭패를 보기 때문이라고 한다.

큰 강을 제외한 지류들 중하류는 여울을 보기 힘들게 되었다. 숲이 우거져 여울 바닥을 이루는 자갈과 돌들의 공급이 적게 되었다. 홍수가 지면 부엽토가 강바닥과 강변에 쌓이게 된다. 기름진 부엽토는 갈대를 위시한 잡초들이 자라는 터전이 되는 것이다. 1970년대 이후 곳곳에 건설된 저수지는 돌과 자갈의 공급을 원천적으로 봉쇄하여 더욱 여울을 보기 힘들게 되었다.

전라남도 장흥읍은 탐진강에 의해 서부지구와 동부지구로 나뉜다. 서부지구는 장흥 삼합으로 유명한 음식점들이 줄지어 있다. 동부지구의 탐진강 근처에는 10여 곳의 모텔들이 있다. 군 지역으로는 보기 드문 관광촌을 형성하고 있는 셈이다. 중간에 있는 탐진강에는 6~7개의 보가 있고 그 수만큼의 징검다리가 있다. 봇둑은 비스듬하게 만들어 여울을 설치해 놓았다. 인공 여울을 만들어 여울이 흐르는 모습을 볼 수 있고 여울 소리를 들을 수 있게 하였다. 7월 말에는 물 축제도 개최한다고 한다.

지방자치를 한 후 지방자치 단체들은 친수 공간을 많이 조성하였다. 주로 징검다리와 물을 가두는 보 위주로 건설 하였다. 최근에는 봇둑을 비스듬하게 하여 인공 여울을 만 들어, 힘차게 흐르는 물 모습과 여울 소리를 즐기게 하는 추세이다.

06 수단 가치

"평생 먹을 것 벌어 놓았다." 20여 년 전 나와 친했던 사촌동생이 했던 말이다. 90년대 중반 한중 수교한 지 얼마 되지 않았던 시절이었다. 관솔 공예를 하였던 동생에게 아주 반가운 일이 벌어졌다. 좁은 국토에 관솔을 구하기가 어려웠고, 인건비가 상승하여 곤경에 처해 있던 시절이었다. 우리나라와 기후 조건이 비슷한 백두산 주위 넓디넓은 송림과 비교가 되지 않을 정도로 싼 인건비가 동생을 살린 것이다.

거의 거저에 가까운 관솔 가격과 싼 인건비로 90% 가까이 가공된 공예품을 국내로 반입하여 마지막 가공을 거쳐 판매하니, 동생 입장에서 평생 만져보지 못한 돈이 수중에 들어오게 된 것이다. 어렵게 겨우겨우 버티다가 돈이 들어오니 심리적으로 감당이 되지 않았던 것으로 추측된다. 그래서 나뿐만 아니라 주위 사람들에게도 자랑하고 싶었을 것이다.

그러나 그런 일이 오래 지속되지 않았다. 중국이 산업화가 되니, 자재비도 올라가고 인건비도 올라가 채산이 맞지 않아 7, 8년 뒤에 종료되었다. 그동안 벌었던 돈은 부동산에 일부 묶이고 관솔 공예가 아닌 일반 목공으로 전환하여 현상 유지를 하였다. 그러나 결정적인 일은 다른 곳에서 터졌다. 주위에서 보증을 부탁하였다. 평생 먹을 것 벌었다고 자랑하였으니 거절하기가 어려웠을 것이다.

내설악 초입에 있는 한계리에 예술인촌을 건설하였다. 도시에 거주하는 예술인들이 공기 좋고 경치 좋은 곳에서 예술 활동을 하라는 취지였다. 예술인들이 입주하면 관광객 유치에도 도움이 될 것으로 판단하였을 것이다. 사촌동생은 예술인촌에 버섯집을 짓고 촌장이라 자칭하며 몇 년을 잘 지냈다. 그 집도 보증 책임으로 없어지고도 채무가 많이 남았다. 제수씨가 밤낮으로 막일을 하는 등 겨우 채무를 해결하게 될 즈음 동생은 심근경색으로 안타깝게 저세상으로 떠났다.

동생 장례식에 참석하여 한 줌의 재로 변한 동생의 유해를 보니 떠오르는 생각이 있었다. 내설악에는 작가들의 작업실이 더러 있다. 만화 스토리를 쓰는 작가 집에 방문한 적이 있었다. 작가와 동생 그리고 작가 여자친구가 있는 자리였다. 분위기가 무르익어 나도 모르게 이백의 「장진주」를 읊었다. 동생은 "잘 외운다."라고 하였다. 그러자 그 작가는 "외운 것이 아니고 지적 오르가슴이 발동하였다."라고 하였다.

그 말을 들으니 옛 생각이 떠올랐다. 고등학교 2학년 때부터 종합지 『신동아』를 읽었다. 당시의 종합지는 국한 혼용이었다. 덕분에 한문에 친숙하게 되었다. 고등학교 2학년 말 한국해양대학 국어 입시 시험문제에 한문 읽기 50문제가 출제되었다. 친구들이 보고 있는 자리에서 10분 만에 다 풀었다. 답과 맞추어 보니 2문제가 틀렸었다. 그 뒤로 한문 천재란 소리를 듣게 되었다.

고등학교 국어 교과서에 나오는 한시 중 산정무한에 나오는 "無限靑山 行欲盡 白雲深處 老僧多"라는 시구는 평생 때때로 읊었고, 정극인의 「상춘곡」, 한자투성이의 가곡을 분위기가 좋으면 읊으면서 살고 있다는 사실을 모르고 있었을 것이다. 문학의 맛을 모르고 평생을 살았을 동생이 측은하였다.

재직 중 아내의 잔소리를 들으며, 『신동아』 읽기는 계속 되었다. 80년대 일본의 전성기에 일본어를 하는 데 한자에 익숙한 것이 결정적으로 도움이 되었다. 전공 원서와 논문 을 읽는 데 지장이 없을 정도로 일본어를 배울 수 있었다. 그러나 오늘날에는 종합잡지에도 한자가 사라져 젊은이들 이 한자를 익히는 데 문제가 아닐 수 없다.

고향 친구 중에 한 친구는 강 와이어를 만드는 회사에서 근무하다 퇴직하여 회사와 관련된 부품과 장치를 제작하 는 중소기업을 세웠다. 기대 이상으로 돈을 벌게 된 친구 는 돈 자랑을 음으로 양으로 하였다. 특히 자기보다 학벌 이 높은 친구에게 자랑 겸 학벌이 높으면서 왜 나보다 못 하느냐는 식으로 얘기를 하니 좋아하는 친구는 하나도 없 다. 한마을에서 자란 한 친구는 "언제부터 부자가 되었는 데?"라고 하면서 버럭 화를 내었다. 가까운 친구들은 모두 떠나고 외로운 생활을 고향에서 하고 있다.

고향에 농막을 짓고 오래되니 고향에 사는 동갑내기 친 구들과 동갑계를 만들어 친하게 지내고 있다. 6명이 회원 이었는데 그중의 한 명이 이번 추석 직전에 심근경색으로 갑자기 하늘나라로 갔다. 6명의 회원 중 한 명이 세상을 떠나니 멍하였다. 이 친구도 보증을 서 주어 고생하다가 2, 3년 전에 보증 빚을 다 갚았다고 한다. 몇 년 전부터 사업을 아들한테 넘기고 하고 싶은 일을 하고 살라고 얘기하였다. "그러면 나는 뭐하고 살라고?"라고 하였다.

돈은 벌기도 어렵지만 제대로 쓰기도 어렵다. 우리나라가 가난에서 벗어난 지 얼마 되지 않아 오직 돈을 벌고 모으는 것에만 신경을 쓰고 돈을 제대로 쓰는 일에는 관심을 갖지 못하고 있는 것 같다. 프랑스에서 정년 연장을 조금 한다고 전국이 시끄러웠다고 한다. 말로는 돈이 수단 가치라고 하면서, 돈을 목적 가치로 생각하니까 위에서 열거한 비극이 발생하게 된다.

아내의 눈치를 보면서 『신동아』 등을 읽어서 한자에 익숙하게 된 점은 다행이라고 생각한다. 지금부터 천여 년 전 당나라 사람들은 평생 한시 한 편 남기는 것이 소원이었다고 한다. 그 덕택에 당시가 5만 수 정도 남아 있다. 당시 중에 마음을 당기는 시가 많다. 이백, 왕유 등 마음에 드는 당시를 읊으며 노후를 보내는 일은 많은 돈 못지않다고 생각한다.

07 비교의 늪

　한국 사회는 비교의 늪에 빠져 있다. 강남 도곡동의 사교육 전쟁과 강남 아파트값이 그것을 말해 준다. 강남 아파트 한 평 값이 어지간한 소도시의 30평 한 채 값을 능가한 지 오래다. 그러한 현상만 보아도 우리나라 사람들이 비교의 늪에서 아직 벗어나지 못하고 있다고 생각한다.

　조카딸의 아들이 어릴 때부터 영재성이 돋보인다는 전문가들의 평판을 들었다. 초등학교 때부터 영재학원을 거쳐서 전국의 수재들이 모인다는 서울과학고등학교로 갔다. 그해 부산 학생 2명 합격에 포함되어 부모와 친지들로부터 큰 자랑거리가 되었다.

　아들의 서울 유학을 위한 준비로 조카딸은 정상적인 가정생활을 접기로 했다. 아들을 돌보기 위해 온 가족이 올인하면서 동생이 거주하는 춘천으로 이사하였다. 아들은 과학고 기숙사에서 보내지만, 주말마다 부산으로 오는 것이 번거롭다고 거처를 춘천으로 옮겼다. 졸업하면 대학은 유학할지 모른다고 해양대 출신으로 육상 근무를 성실하게 잘하고 있는 남편에게도 보수가 높은 승선 근무를 권유했다. 가족들의 일상이 아들 학업 뒷바라지가 최우선 순위가 되는 현상이 나는 선뜻 이해가 가지 않으면서 너무 딱했다.

시간은 현재의 형태로만 존재하는데! 현재의 시간을 희생하는 것을 당연하게 생각하는 것, 이것이 전형적인 비교의 늪에 빠진 것이다.

평준화되기 이전에는 자기 집에서 공부했다. 경남고등학교, 부산고등학교에 입학하면, 어렵지 않게 서울대학교 공대나 자연대에 진학한다. 사교육을 받지 않아도 관련 업계의 정상으로 나아가고 성장할 수 있는 시스템으로 살아나야 한다고 생각한다.

학교 공교육을 충실히 받고, 독자적으로 문제를 풀면서 공부를 해 나간다면, 무엇보다 귀중한 지적 자생력을 기를 수 있다. 이것은 지적 근육으로 하여 기득 지식을 재구성하여 새로운 지식으로 스스로 올라가는 즐거움을 스스로 포기하는 행위이다.

한참 시대를 거슬러 올라가지만, 필자의 공교육 시절에는 과외가 지금처럼 성행하지도 않았고, 농촌 생활의 어려운 형편으로 학교 교육도 빈약하게 받았다. 그러나 수학과 과학을 스스로 공부하여 새로운 지식을 깨달을 때의 즐거움은 아직도 생생하고, 특히 수학2에 있는 삼각함수의 가법(加法)정리, 그것을 스스로 깨달을 때의 기쁨은 무엇과도 비교할 수가 없었다. 학교에서 가법정리를 배운 적이 없다. 이렇게 깨달은 가법정리는 대학에서 기계공학을 전공하는 데 요긴하게 쓰였다.

고등학교 3학년 초 국·영·수 모의고사를 보아 수학 시험에서 85점을 땄다. 겨울방학 동안 부산에서 학원에 다녔다고 자랑하던 친구들은 15~20점에 그쳤다. 2등은 55점에 그쳤다. 결과를 보고서 어린 마음이었지만 내가 무척 자랑스러웠다.

당시 부산대학교는 대학 정비령에 의해 680명을 모집하던 시절(현재 4,800명, 7배 증가)이었다. 부산대학교 어느 학과를 졸업해도 직장을 잡을 수 있었던 시절이다. 등록금도 사립대에 비해 3분의 1 수준이었다. 부산대학교에 합격하면 아무리 어려워도 진학하던 시절이다. 부산 경남에서는 부산대에 합격하면 대학에 진학하고 불합격하면 대학을 포기하였다.

세월이 흘러 퇴직을 몇 년 남겼던 때였다. 나는 마지막 풀타임 학생으로 본교 출신 성적이 좋은 2명을 받았다. 본교 출신 한 명은 절친 교수로 보냈다. 당시에 나보다 5년 정도 젊은 교수가 풀타임 석사를 한 명도 받지 못했다고 하였다. 그는 서울대학교 학사에 카이스트 석사, 국비 장학금으로 미국 유수의 대학에서 박사를 받았다. "앞으로 세월이 많이 남았는데 어쩌냐?"라며 위로한 기억이 난다.

나의 큰딸 나현이는 발달장애 2급이다. 지금은 장애우에 대한 인식이 많이 선진화되었지만, 대부분의 장애우는 비장애우와 비교되어 집에서 칩거하다가 단명하는 경우가 많다고 한다. 필자는 처가 밖에 나다니는 것을 싫어하여 혼자 다니다가, 나현이가 성장하여 인근 시군 임도를 함께 다니는 즐거움에 빠졌다. 월요일은 주간 보호소에 보내지 않고, 밀양, 청도, 경주 등 임도란 임도는 모두 다녔다. 처음에는 1시간도 트레킹하기 힘들어하던 나현이가 지금은 3시간 이상 거뜬히 트레킹할 수 있다. 감기에 잘 걸리지 않고 병치레를 하지 않으니 대견하기 이를 데가 없다. 초등학교 시절 외국인들이 전쟁고아를 입양할 때 장애아도 거부하지 않고 선호하는 사람들이 많았다는 얘기를 들은 적이 있다. 이제는 그것이 이해가 된다.

내가 먼저 비교의 늪에서 벗어나니 나현이와 다니는 일이 더할 수 없이 즐겁다. 특히 처음 가는 임도에서 나현이가 걸어가는 모습을 보는 즐거움, 무엇에 비교할 수 없는 즐거움이다. 다른 욕심도 다 접고 이제는 그 녀석과 내가 동행하는 시간이 좀 더 많았으면 하는 바람으로, 인생의 잣대가 하나만 있지 않다는 사실을 절실하게 느낀다.

아내가 한 번씩 당신은 나중에 염라대왕 앞에서 이승에서 한 일을 거울로 들여다보면서 판정을 받을 때, 나현이가 마흔 살이 되는 오늘까지 한 번도 그 녀석에게 얼굴을 찌푸리고 큰소리를 주지 않았으니 그 어진 마음만으로도

큰 벌을 받는 일은 면할 수 있을 거라 한다. 나현이를 사랑
하고 데리고 다니는 것에 감동하여 밥을 해준다는 이야기
를 한다. 우리 가족은 기쁜 일이나 불행 중 다행한 일로 고
비를 겪을 때마다 나현이 덕분으로 여기며 또 오늘을 살아
간다.

08 원시 지향

‘원시 지향(原始志向)’이라는 말이 있다. 80년대 중반 일본 경제가 욱일승천(旭日昇天)하던 시기였다. 대학가에서 일본어 공부가 유행하던 시기, 시사일본어 잡지 기사에서 본 단어였다. 경제적으로 풍요해진 시기, 현대 문명에 피로감을 느끼던 많은 일본인이 시골 생활을 원하는 시대조류를 나타낸 단어였다. 우리나라에서도 1990년대, 2000년대에 전원주택 붐으로 전원생활이라는 말은 있었지만, ‘원시 지향’이라는 말까지는 가지 않은 것으로 판단된다.

80년대와 90년대 초반까지 일본의 경제는 초호황이었다. 한국에서 기술적으로 문제가 생기면, 일단 일본에 가던 시기였다. 이공계 교수님 중 일본어 해득이 가능한 교수와 그렇지 못한 교수 사이에 차이가 생길 정도였다. 해득이 가능한 교수님들은 문제가 발생하면, 일단 도쿄로 출장을 갔다. 도쿄 서점들을 몇 군데 돌면 문제 해결이 가능한 자료들을 구할 수 있었다. 필자도 1년에 두서너 번 도쿄에 갔다.

90년대 중반 일본 동경 근처 야마나시(山梨)현을 지나갈 기회가 있었다. 숲속을 지나는 하천변에 있던 별장촌, 별천지였다. '나는 언제 저런 곳에서 보낼 수 있을까?'라는 부러움이 저절로 생겼다. 깨끗한 강물과 흰 자갈로 이루어진 강변, 그리고 주위의 별장들이 눈에 선하다. 몇 년 전에 보던 미국 캘리포니아주 시에라네바다 산맥에 있던 캐빈들과 너무나 차이가 났다.

그런데 그러한 일본에 고령화 사회가 와서 많은 별장이 비어 있다니 이해가 되지 않는다. 몇 년 전에 일본에 갔을 때 보았던 대로변의 빈 집들이 보였고, 도쿄 시내와 조금 떨어진 하치오지(八王子)시에 있는 아파트가 많이 비어 있다는 기사를 보았다. 일본 경제가 후퇴하니 원시 지향이 많이 후퇴하는 경향이 있다. 많이 하락한 일본 부동산 가격이 도쿄 중심지와 오사카 중심부 중심으로 조금 상승하였다고 한다. 병원이 가깝고 편의 시설이 근처에 있는 곳을 선호한다는 이야기이다.

우리나라도 도시 주변의 계곡에 많은 전원주택들이 들어섰다. 초창기에는 호화별장들이 넓은 부지에 들어섰다.

남에게 보여주는 데 많은 신경을 쓴 경향이 있다고 보아야
한다. 전원주택이라기보다는 호화별장이라고 불러야 할
정도의 집들이 많았다. 전원주택이 있다고 하면 주위 사람
들도 자기 집처럼 수시로 초대를 바란다. 그러니 남의 눈
을 의식하지 않을 수 없었을 것이다. 그러다 보니 무리를
하게 되었다. 좌파 정권들이 가진 자에 대한 세금폭탄을
터뜨리니 분위기가 많이 바뀌게 되었다. 1가구 다주택에
대한 세금 중과(重課)도 과해졌다.

몇 년 전부터 소형 전원주택들이 많이 들어서고 있다.
조그만 땅에 소박한 주택, 아주 조그만 농막까지, 공장에
서 조립한 6평 정도의 농막이 유행하고 있다. 남의 눈을
의식하지 않는 새로운 물결, 미국 캘리포니아 시에라네바
다 산맥에서 본 캐빈들이 생각난다. 일정 규모 이하의 농
촌주택은 다주택으로 취급하지 않겠다는 정부 정책의 결
과일 것이다. 농촌 공동화(空洞化)를 막기 위한 정책의 일환
이다.

몇 년 전 경주 안심계곡을 방문했을 때의 기억이 새롭
다. 경주는 경주 시내를 중심으로 널찍널찍한 계곡들이 있

다. 그중 하나가 안심리계곡이다. 안심천계곡을 따라서 올라가면 수통골이라는 가지계곡이 있다. 그 계곡에 소박한 전원주택과 펜션들이 들어선 전형적인 전원주택 골이다. 때는 3월 말, 나보다 조금 나이가 더 들어 보이는 어르신이 지게에 20kg 퇴비를 한 포씩 나르고 있었다. 제법 넓은 밭에 한 포씩 나르고 있는 노인의 모습, 몇 년 뒤 여름에 가니 그 밭은 풀밭이 되어 있었다.

세월이 가니 노인은 약해지고 하늘나라로 가야 한다. 60대 이상 노인들은 농촌 출신들이 많아 어릴 때 농사일 경험들이 조금씩 있고, 농촌에 대한 향수가 조금씩은 있다. 필자가 살고 있는 산골 마을에 조그만 대봉과수원을 조성하고 소박한 전원주택을 지은 사람이 있었다. 그분이 돌아가시고 10여 년이 지나니 칡넝쿨이 대봉나무를 완전히 덮었다. 해마다 넝쿨이 굵어지고 있다. 아들이 있다고 들었는데, 전원생활에는 관심이 없다고 보아야 한다. 산 위로 조금 더 올라가면, 돈을 들여 제법 잘 지은 전원주택이 있다. 올여름 가보니 현관에 농구공보다 조금 더 큰 말벌 집이 떡하니 달려 있었다. 그 주택을 주도적으로 지은 분이 몇 년 전에 하늘나라로 갔다고 한다.

농사일도 일이다. 일을 하다가 보면 일 욕심이 생기게 마련이다. 해마다 노인들이 더운 날씨에 일을 하다가 돌아 가셨다는 뉴스를 듣는다. 안타까운 일이 아닐 수 없다. 일을 그만두고 그늘로 가야 하는데 잡초가 자꾸 눈에 띈다. 저 풀만 뽑고, 저 풀만 뽑고 하는 일 욕심에 큰일을 당하시는 것이다. 이러한 일 욕심은 아무리 하찮은 일이라도 있게 마련이다. 요즈음 젊은 사람들이 돈을 받으며 일을 배우려 하지 않고 무리한 진학을 하여, 돈과 시간을 낭비하며 세상만 원망하는 일이 안타깝다.

어릴 적 여름 새벽, 마루에 서면 항상 흰 옷을 입고, 밭에서 일하시던 동네 할머니 생각이 난다. 그분이 돌아가시기 전 비몽사몽하실 때 호미로 밭매는 흉내를 내셨다고 한다. 평생을 농사일만 하시고, 일 욕심으로 사신 분이시다. 우리 할머니께서도 평생 농사일을 낙으로 사신 분이다. 할머니께서는 텃밭에 물을 주기 위해 웅덩이를 파셨다. 그 웅덩이는 그야말로 개구리 운동장이었다. 어릴 때 개구리는 왜 그렇게 많았던지, 비가 오면 개구리들이 마당으로 뛰어들던 모습이 눈에 선하다.

은퇴 후 산골로 거처를 옮겨서 살았다. 시간이 가장 소중하다는 사실을 절실히 느낀다. 절대로 농사하는 면적을 늘려서는 안 된다. 혼자서 기계를 쓰지 않거나 최소한의 기계를 쓰며, 농사를 짓는 것이 최선이라 생각한다. 면적이 좁으면 퇴비를 많이 넣는 유기농을 할 수 있으며, 그 결과 무농약으로 농사를 지을 수 있다. 여름에는 새벽에만 일을 할 수 있기 때문에 다품종 소량으로 하려면 원시적으로 하는 것이 최선이다.

농사 지도서에서 "팔 자신이 없으면 절대로 남에게 나누어 주지 말라."는 말을 보고 이상하게 생각하였다. 지나고 나니 남 주는 것도 스트레스가 쌓였다. 처음에는 남에게 나누어 주고 하였다. 뒤에는 되도록 그렇게 하지 않고 다품종 소량으로 하였다. 그 대신 되도록 농기계를 쓰지 않고. 원시 지향으로 한다. 새벽에 기본 농구로 두어 시간 일을 하고 나면 몸이 풀린다. 어지간한 헬스 운동을 한 느낌이다. 퇴비도 되도록 차로 나르지 않고 한 포씩 지게로 나른다. 운동을 위해 모래 자루를 달고 언덕을 오르는 기분이다.

 # 1톤 트럭

    산촌에 가면 1톤 트럭을 많이 볼 수 있다. 아침 일찍 농자재 가게에 가면 1톤 트럭 여러 대가 정차해 있는 것을 볼 수 있다. 특히 봄이나 이른 여름에 정차하기 힘들 정도로 1톤 트럭이 정차해 있다. 농민들과 시골 노동자들은 거의 1톤 트럭을 가지고 있다고 보면 된다.

    60여 년 전 동경 올림픽이 열리던 시절, 『농원』이라는 잡지가 있었다. 일본 농촌 풍경을 담은 사진을 이 잡지에서 보았다. 농가에 작은 트럭이 정차되어 있는 풍경을 보고 크게 놀랐던 기억이 아직도 생생하다. 당시에 농로는 거의 개설되지 않았고 일반 도로와 철도도 일제 강점기 말, 거의 그대로인 상태였다. 농가가 자동차를 가진다고는 꿈도 꾸지 못했던 시절이었다.

    트럭을 구입할 수 있는 재력이 있다고 해도, 농로가 없어 무용지물이었을 것이다. 어지간히 땅이 있는 사람들은 거의 머슴을 두었다. 별다른 산업은 없고 상대적으로 인구는 많아 머슴 할 사람들은 얼마든지 있었다. 지게를 진 수많은 농민들과 머슴들의 피땀들이 논밭과 농가를 연결하는 오솔길에 뿌려졌다. 당시에는 식량이 부족해 보리를 많이 재배했다. 벼를 베기 전에 여름내 소가 밟아 썩힌 퇴비를 일일이 지게로 날라야 했다. 벼를 벤 뒤 단을 일일이 묶어 집안 마당으로 날랐다. 벼를 비운 논에 보리를 심은 뒤 벼 탈곡 작업을 한다.

정조 대왕께서 서거하신 뒤 삼정 문란이 극에 달했다. 많은 농민이 삶의 터전을 잃고 산촌과 산중으로 들어갔다. 자식들을 굶기지 않으려는 처절한 투쟁이 벌어졌다. 도저히 논이 될 수 없는 곳까지 계단식으로 논을 만들었다. 지게를 지고 거친 비탈길을 오르내리는 노고들의 흔적들이 아직도 곳곳에 남아 있다.

현재는 산촌의 논밭들은 휴경상태로 돌아간 곳이 많다. 화전민이 살던 산중의 논밭은 그 흔적을 찾을 수 없을 정도로 변했다. 도시민들이 이러한 토지를 구입하여 전원주택을 짓는 일이 많았으나, 그것도 도시에 가까운 제한된

장소에 한정되었다. 최근에는 트렌드가 변하여 연로한 사람들이 전원주택을 처분하고 병원 가까운 곳으로 거처를 옮기려 해도 어려움이 많은 형편이다.

벼농사는 95% 이상 자동화가 되었다고 한다. 현재는 농로가 잘 정비되어 거의 모든 논밭에 1톤 트럭과 장비가 들어갈 수 있다고 한다. 100호 정도 되는 마을의 논농사는 대형 농기계 한두 대로 가능하다. 한여름 농민들을 괴롭히던 논매기 작업도 제초제 처리로 해결되었다.

일일이 지게로 나르던 볏단들, 콤바인에서 탈곡된 벼를 큰 자루에 받아 1톤 트럭으로 창고로 직행하는 시절이 되었다.

긴 겨울, 난방과 취사를 위한 화목이 문제였다. 근처 산들은 거의 벌거숭이 산이라 10리 이상 지게를 지고 먼 산에서 화목을 지고 먼 길을 걸어야 했다. 추수가 끝난 뒤 동지까지 머슴들은 화목을 하여 주인집 뜰 안에 쌓아두고, 익년 정월 대보름에 다시 일을 시작하였다. 10리 이상의 길을 왕복하는 일, 질 수 있을 만큼 져야 했다. 상당히 고된 일이 아닐 수 없다. 요즈음에는 임도로 1톤 트럭을 몰고 가서 가까운 거리를 지게로 나른다. 트럭까지 힘들지 않을 정도로 지고 나르니 옛날과 비교할 수 없다.

80년대까지 농사일과 막일의 대명사가 지게질이었다. 한국에서 일반 도로와 임도, 농로 개설 공사가 본격화된 것은 올림픽을 앞둔 80년대 말부터로 기억된다. 그전에는 시골 지방도와 국도는 도보 여행과 조깅이 가능할 정도로 자동차 통행이 한산하였다. 길이 정비되고, 3저 호황으로 살림살이가 엄청나게 좋아졌다. 그 이후 도시 시장 등에 있던 지게꾼들이 사라지고 시골에서도 지게는 보조적인 운반수단으로 바뀌었다.

지게는 짐의 중력을 사람 몸이 모두 부담하여, 엄청난 고통과 후유증을 초래한다. 우리나라는 산이 3분의 2를 차지하고 있고 하천도 많아 수레가 다닐 수 있는 길이 발달되지 않았다. 10여 년 전 폴란드 바르샤바에서 옛 수도 크라쿠프까지 3시간 동안 열차가 터널 하나도 통과하지 않고, 조그만 교량 하나만 통과하던 기억이 눈에 선하다. 일망무제의 평원이 전개되는 폴란드, 정말 부러웠다. 그런데 폴란드는 외침에 끊임없이 시달렸다.

몇천 년 동안 개설한 도로보다 일제 35년 동안 개설한 철도와 도로가 훨씬 많다는 사실을 이야기하면, 외적 침입을 막기 위해 그랬다고 한다. 일반 민중과 머슴들의 고통은 안중에 없었다고 보는 것이 더 정확하다고 할 수 있다. 어릴 때 아버지가 일찍 돌아가셔서 지게질을 해보았다. 무척 고통스러웠다. 겪어보지 않은 사람들은 모른다. 그 결과 양반과 상민이 구별되고 양반은 거의 막노동을 하지 않는다. 모두 대학에 가려고 하고 엄청난 사교육 부담은 여기에 기인한다. 저출생의 원인도 여기에 있다고 보아야 한다.

지난해 추석, 초등학교 동기가 안타깝게도 하늘나라로 갔다. 이 친구는 30대 중반 부산에서 사업을 하다가 빈손으로 시골로 올라와 돼지를 키우기 시작했다. 엄청난 고생을 했지만, 60대 이후에는 100억대 대농이 되었다. 거의 일만 두에 가까운 돼지를 사육하여 동기 중 제일 큰 부자가 되었다. 중학교도 나오지 않은 친구가 부러움을 받는 부자가 되었다. 독일식 자동화 방식을 도입하여, 농장을 키울 수 있었다고 한다. 요즈음은 가능성만 보이면 금융기관에서 돈을 대출해 준다고 한다. 학교와 사교육 기관을 가방만 들고 왔다 갔다 하다가 실기를 하고 세상만 원망하는 수많은 캥거루족은 반성해야 할 것이다.

　1톤 트럭이 지게를 지는 고통에서 노동자들을 해방시켰다고 하면, 일반 사업체의 시설들도 현저하게 자동화되었다. 배우기도 어렵지 않고 몇 년만 하면 그 분야의 베테랑이 된다. 현장 근로자들은 노조의 도움으로 정년까지 간다. 반면 대졸 사원은 가시적인 성과를 내지 않으면 그 자리를 유지하기 힘들다. 과장 이상으로 승진하면 노조의 도움을 받지 못한다고 한다. 자녀의 대학 등록금까지 회사의 도움을 받는 사원은 대부분 현장 사원이라고 한다. 농촌에도 어촌에도 1톤 트럭 등 진화한 장비들의 도움으로 부자로 사는 사람들이 늘어나는 일은 반가운 일이다.

10 좋은 아버지를 준비하는 학교 

　장계면은 장수군의 한 면이다. 함양군에서 육십령을 넘으면 바로 장계면이다. 경상남도에서 전라북도로 가는 길목 역할을 하는 고장이다. 옛날에는 계내면이라고 하였는데 장계리의 비중이 커지면서 장계면으로 이름을 바꾸었다.

　경상도와 전주를 연결하는 26번 국도와 전라도 동부와 무주, 충청도를 연결하는 19번 국도가 교차하는 교통의 요지이다. 일찍부터 무진장(무주–진안–장수) 지방의 상권을 장악하여 상업 서비스업이 발달하였다.

　20여 년 전 처음 방문하였을 때 장계가 군청 소재지인 장수보다 훨씬 번화하였다. 지난여름 다시 방문하였을 때 분위기가 많이 달라졌다. 대전–통영 고속도로와 장수–익산 고속도로가 개통된 이후 사정이 많이 달라진 것이다. 장수읍은 어딘가 모르게 번화해졌고 장계면은 어딘가 모르게 퇴락하는 기분이 느껴졌다. 26번 국도와 19번 국도가 장계면 중앙에서 교차하는 영향이 줄어든 것이다.

장수군에서 유일한 농공단지가 장계면에 있다. 그 영향으로 장계에 있는 고등학교는 장계공업고등학교이다. 100여 명의 학생들이 20여 명의 교직원들의 지도를 받고 있다고 한다. 학생 대 교사의 비율이 5:1이다.

처음 장계공업고등학교를 보았을 때 크게 놀랐다. 장계공업고등학교라고 쓴 현판에 조금 작은 글씨로 "좋은 아버지를 준비하는 행복한 학교"라고 쓰여 있는 것이 아닌가. "좋은 아버지를 준비한다."라는 글귀를 보고 많은 생각이 떠올랐다. 이런 시골에 공업고등학교가 설립되어 있다는 사실에 우선 놀랐고, 이러한 글귀를 영구 게시하고 있는 사실에 또 놀랐다.

경남 양산시는 인구 35만이 넘어 최근 진주시를 추월하였다. 크고 작은 많은 공장들이 있는 전국 유수의 도시이다. 그런데도 공업고등학교를 위시한 실업계 학교가 없다. 인문계 고등학교만 여러 개 설립되어, '추첨제로 바뀌냐, 아니냐?'로 고민하고 있다고 한다. 젊은 학부모들이 자녀들의 대학 진학에만 관심이 있어 공업고등학교에는 관심이 없는 것 같다.

스위스나 독일에서는 중학교를 졸업하면 60~70%의 학생들이 공업고등학교를 위시한 실업계 학교에 진학한다고 한다. 회사와 학교를 반반씩 다니며, 이때부터 적으나마 급여를 받는다고 한다. 15세부터 국민연금을 붓기 시작하여 65세까지 50년을 연금 불입, 즉 강제 저축을 한다고 한다. 이렇게 하면 무리한 대학 진학을 위한 사교육을 할 여유가 없어지는 것이다. 대신 풍족한 노후가 기다리고 있다. 서구에서 "은퇴 이후부터 진정한 인생이 시작된다."라고 하는 것은 이러한 사회 시스템 때문이다.

15세부터 직장생활을 시작하니 10년이 지나 25세가 되면, 숙련된 직업인으로 성장한다. 현장에서 10년이면 완전한 직장인으로 좋은 아버지가 될 자격을 얻게 되는 것이다.

40여 년 전의 일이 생각난다. 중화학공업화 정책이 한창일 때, 각 도에 하나씩 기계공업고등학교를 지정하였다. 그 어려운 재정 상태에서도 수업료를 거의 받지 않고 교육을 시켰다. 부산 해운대에 있는 국립 부산기계공고는 기숙사비 즉 숙식비도 국고로 하여 전국의 수재들을 입학시켜 공부를 시켰다. 기계공고의 학생들의 어깨에는 '조국근대화의 기수'라는 라벨을 붙여서 사기를 돋우었다. 또 정밀가공사 자격을 취득하면 병역도 면제시켜 주었다.

그들이 세계 기능올림픽에 나가서 수십 년 동안 우승하였다. 어떻게 생각하면 그들의 힘에 의해 한국 중화학 제품의 품질이 향상되었는지 모르겠다. 70년대 당시로서는 '세계 5대(大) 공업국'은 꿈도 꿀 수 없었다.

당시에 기계공고에는 '용접배관과'라는 학과가 있었다. 기계설계과, 기계조립과와 달리 기계라는 말이 없고 힘들게 보이는 용접이라는 말이 있어 인기가 없었다. 그러나 결과는 매우 달랐다. 이 학과 졸업생들은 급격하게 성장한 조선 등 중공업 회사와 자동차 회사에 대거 취업하였다. 급여와 직업 안정성 측면에서 앞의 학과와는 비교가 되지 않았다. 대기업은 부품들을 납품받아 최종 조립하는 회사이다. 조립공정의 핵심은 용접배관이다.

그들은 초기에는 고생하였다. 산업 최전선에서 일을 하고, 공기를 맞추기 위해 밤샘 작업도 해야 했다. 87년 6·29선언 이후 일어난 대규모 노동쟁의에 의해 그들의 보수가 몇 배 뛰었다.

재수, 삼수 끝에 대학에 가서 병역을 마치고 나오면 30세 가깝게 된다. 가까스로 대기업 취업에 성공하여 중학생 동기생을 만나면 보수를 훨씬 많이 받고 있다는 사실에 놀라게 된다. 그리고 그들은 경제적 기반도 상당히 잡았고 결혼도 하고 자녀도 있다는 사실을 알게 된다.

대졸 사원이 과장으로 승진하면 간부로 분류된다. 자연히 노조원 자격이 박탈된다. 늦게 취업하여 결혼도 늦고 출산도 늦어지고, 직업 안정성도 떨어지는 것이다. 활발한 노조 활동의 결과물인 대학 학비 지원 혜택도 거의 받지 못하는 결과를 초래하게 된다. 어느 쪽이 좋은 아버지인지 생각해 보아야 할 것이다.

한국인도 잘 모르는 한반도의 본모습을 찾아 나서는 여행기

권선복(도서출판 행복에너지 대표이사)

매년 휴가철마다 해외여행을 가는 사람으로 공항은 인산인해(人山人海)를 이루지만 한반도의 여러 지역에 대해서는 잘 모르고 관심이 없는 사람들이 많습니다. 하지만 대한민국 곳곳으로 뻗어 있는 소읍(小邑)과 지천(支天)들도 자연과 사람, 삶이 살아 숨 쉬는 곳이며, 매력이 넘치는 공간이기도 합니다.

이 책『강에서 배운 인생, 마을에서 얻은 마음』의 강성수 저자는 산과 물의 흐름을 따라 국전계곡, 길안천, 배내골, 옥동천, 초강 등 도시생활에 익숙한 독자들에게는 다소 생소하지만 은은하면서도 아름다운 특유의 매력을 간직하고 있는 대한민국의 산천을 유람하면서 대한민국의 여러 산골과 계곡이 담고 있는 역사와 추억, 삶과 현재를 생생한 사진과 함께 담담한 필치로 이야기합니다.

대한민국 곳곳에 숨겨진 명소를 거닐며 자연과 사람에 대한 따뜻한 시선을 느낄 수 있는 강성수 저자님의 책『강에서 배운 인생, 마을에서 얻은 마음』을 통해 더 많은 분들이 우리 땅, 한반도에 대한 관심을 키워나갈 수 있기를 희망해 봅니다!